计算机系列教材

周元哲 编著

机器学习入门
——基于Sklearn

清华大学出版社

北京

内 容 简 介

本书以 Python 为基础,使用 Sklearn 平台,逐步带领读者熟悉并掌握机器学习的经典算法。全书共12章,主要内容包括人工智能概述、Python 科学计算、数据清洗与特征预处理、数据划分与特征提取、特征降维与特征选择、模型评估与选择、KNN 算法、决策树、线性模型、朴素贝叶斯算法、支持向量机和 k 均值聚类算法,附录介绍了课程教学大纲和 Sklearn 数据集。

本书内容精练,文字简洁,结构合理,案例经典且实用,综合性强,面向机器学习入门读者,侧重提高。

本书适合作为高等院校相关专业机器学习入门课程教材或教学参考书,也可以供从事机器学习应用开发的技术人员参考。

图书在版编目(CIP)数据

机器学习入门:基于 Sklearn/周元哲编著.—北京:清华大学出版社,2022.2 (2023.7 重印)
计算机系列教材
ISBN 978-7-302-59998-2

Ⅰ.①机… Ⅱ.①周… Ⅲ.①机器学习－高等学校－教材 Ⅳ.①TP181

中国版本图书馆 CIP 数据核字(2022)第 015032 号

责任编辑:张　民　战晓雷
封面设计:常雪影
责任校对:焦丽丽
责任印制:曹婉颖

出版发行:清华大学出版社
　　　　　网　　　址:http://www.tup.com.cn,http://www.wqbook.com
　　　　　地　　　址:北京清华大学学研大厦 A 座　　　邮　　　编:100084
　　　　　社 总 机:010-83470000　　　　　　　　　　邮　　　购:010-62786544
　　　　　投稿与读者服务:010-62776969,c-service@tup.tsinghua.edu.cn
　　　　　质量反馈:010-62772015,zhiliang@tup.tsinghua.edu.cn
　　　　　课件下载:http://www.tup.com.cn,010-83470236
印 装 者:三河市龙大印装有限公司
经　　　销:全国新华书店
开　　　本:185mm×260mm　　　印　　　张:16.75　　　字　　　数:386 千字
版　　　次:2022 年 2 月第 1 版　　　　　　　　　　印　　　次:2023 年 7 月第 4 次印刷
定　　　价:49.90 元

产品编号:090672-01

前　言

零基础学习者掌握机器学习基础知识的路线可以从代码开始,参加 Kaggle 数据挖掘比赛,体会使用每个模型的效果,对机器学习涵盖的内容有大致了解后,再深入地对理论知识进行完善。本书面向零基础的学习者,以 Python 编程语言为基础,使用 Sklearn 平台,在不涉及大量数学模型与复杂编程知识的前提下,逐步带领学习者熟悉和掌握传统的机器学习算法。

机器学习的重要学习方法就是实践,本书的所有程序都是在 Anaconda 上调试和运行的。本书包括人工智能概述、Python 科学计算、数据清洗与特征预处理、数据划分与特征提取、特征降维与特征选择、模型评估与选择、KNN 算法、决策树、线性模型、朴素贝叶斯算法、支持向量机和 k 均值聚类算法,附录介绍了课程教学大纲和 Sklearn 数据集。

本书具有如下特点:

(1) 代码完整,注释详细。大部分机器学习教材重理论轻代码,往往只是给出伪代码;而本书采用基于 Python 语言的 Sklearn 平台实现,便于学生更快地掌握机器学习的基本思想。

(2) 突出实用性,针对每个机器学习算法都有相关案例。

本书配有教学大纲、电子课件、源码等资料。在编写过程中,陕西省网络数据分析与智能处理重点实验室李晓戈和西安邮电大学贾阳、王红玉、高巍然、孔韦韦、张庆生等阅读了部分手稿,提出了很多宝贵的意见。本书在写作过程中参阅了大量中外专著、教材、论文、报告及网上的资料,在此一并表示敬意和衷心的感谢。

本书内容精练,文字简洁,结构合理,实训题目经典实用、综合性强,明确定位面向初、中级读者,由入门起步,侧重提高。特别适合作为高等院校本科或研究生相关专业机器学习入门课程的教材和教学参考书,也可以供从事计算机应用开发的技术人员参考。

由于作者水平有限,时间紧迫,书中难免有疏漏之处,恳请广大读者批评指正。

作　者

2021 年 7 月

目　　录

第1章 人工智能概述

本章重点介绍以下内容：人工智能、机器学习和深度学习三个概念，机器学习的三要素——数据、模型和算法，监督学习和无监督学习两种机器学习类型，机器学习开发流程，Sklearn 平台特点和安装步骤，Anaconda 环境的安装和使用方式，机器学习建议和步骤。

1.1 相关概念

1.1.1 人工智能

人工智能（Artificial Intelligence，AI）是研究、开发用于模拟、延伸和扩展人的智能的理论、方法、技术及应用系统的一门新的技术科学。其发展历程可分为 5 个阶段。

第一阶段（1956—1974 年）：人工智能研究最初的黄金时代。

1956 年，在达特茅斯夏季人工智能研究计划会议上，首次提出"人工智能"的概念，这一年被认为是人工智能元年。第一阶段发生了如下重要事件：计算机游戏先驱亚瑟·塞缪尔在 IBM 701 上编写了西洋跳棋程序，战胜了西洋跳棋大师罗伯特·尼赖。约翰·麦卡锡开发了 LISP 语言，成为人工智能领域最主要的编程语言；马文·闵斯基发现了简单神经网络的不足，多层神经网络、反向传播算法开始出现；专家系统起步；第一台工业机器人走上了通用汽车公司的生产线；第一个能够自主动作的移动机器人出现；等等。

第二阶段（1974—1980 年）：人工智能的第一次寒冬。

1973 年，著名数学家拉特希尔对当时的机器人技术、语言处理技术和图像识别技术进行批评，认为人工智能的宏伟目标根本无法实现，研究已经完全失败。虽然很多难题理论上可以解决，但由于计算量惊人地增长，实际上根本无法解决相关问题。

第三阶段（1980—1987 年）：人工智能的繁荣期。

1980 年，卡内基·梅隆大学研发的 XCON 专家系统投入使用，成为这一阶段的里程碑。由于专家系统限定在一个小的应用范围，避免了通用人工智能的各种难题，从而解决了许多特定工作领域的问题。

第四阶段（1987—1993 年）：人工智能的第二次寒冬。

由于专家系统无法自我学习并更新知识库和算法，维护麻烦，人工智能进入硬件市场的溃败和理论研究的迷茫之中。

第五阶段（1993 年至今）：人工智能的稳健发展时代。

计算机硬件提供了强大的计算能力，使得人工智能取得突破性成果。1997 年，IBM

公司的计算机"深蓝"战胜了人类世界象棋冠军卡斯帕罗夫。2016 年,谷歌公司的人工智能程序 AlphaGo 战胜了围棋世界冠军李世石。至此,人工智能在专家系统、机器学习、进化计算、模糊逻辑、计算机视觉、自然语言处理、推荐系统等各个领域蓬勃发展。

1.1.2　机器学习

机器学习(Machine Learning,ML)是一门多领域交叉学科,涉及概率论、统计学、逼近论、算法复杂度理论等领域,研究计算机怎样模拟或实现人类的学习行为,获取新的知识。机器学习通过使用算法解析数据、归纳规律、获得模型,对数据做出决策和预测。举个简单的例子,当用户浏览网上商城时,经常会看到商品推荐的信息。这是商城根据用户以往购物记录和收藏清单,识别出用户感兴趣并且愿意购买的产品,其背后的技术是经过训练的决策模型。简单地说,机器学习就是以仿生学为灵感、以数学为理论基础、以编程为实现工具,让机器像人一样学习。

人工智能领域的先驱亚瑟·塞缪尔在 1959 年给出的机器学习的定义是"不直接编程却能赋予计算机提高能力的方法"。简单地说,机器学习的方法不是通过算法告诉计算机应该如何,而是让程序基于给定的数据集推测出最佳答案,这种方法也被称为数据驱动的预测。

美国卡内基·梅隆大学机器学习研究领域的著名学者汤姆·米切尔认为:"如果一个程序在使用既有的经验执行某类任务的过程中被认定'具备学习能力',那么它一定需要展现出利用现有的经验不断改善其完成既定任务的性能的特质。"

机器学习的核心是使用算法建立量化分析模型,帮助计算机模型从数据中学习,发现隐藏在数据中的模式。随着近年来计算能力的进步,机器学习可以自动地实现针对大数据的复杂数学计算。

1.1.3　深度学习

相对于传统的神经网络,具有多个隐藏层的多层感知器就是一种深度学习(Deep Learning,DL)结构。深度学习通过组合低层特征形成更加抽象的高层表示属性类别或特征,以发现数据的分布式特征表示,通过模仿人脑的神经网络运行机制来解释数据(例如图像、声音和文本等)。

1.1.4　三者关系

机器学习是一种实现人工智能的方法,深度学习是一种实现机器学习的技术。深度学习是机器学习的一个子集,机器学习是人工智能的一个子集。三者关系如图 1.1所示。

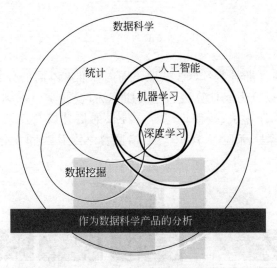

图 1.1 数据科学大背景下人工智能、机器学习和深度学习的关系

1.2 机器学习三要素

机器学习三要素为数据、算法和模型。
- 算法是核心,数据与算法是基础。
- 数据决定了机器学习的上限,而模型和算法只是逼近这个上限。
- 算法通过在数据上进行运算产生模型。

1.2.1 数据

数据是信息的载体。数据可以划分为结构化和非结构化两种类型。结构化数据一般以二维表的形式表达,保存在关系数据库(如 MySQL 等)中。非结构化数据是没有预定义的数据,往往保存在非关系数据库(如 MongoDB 等)中。机器学习模型使用的主要是结构化数据。

【例 1.1】 比赛数据示例。

以某篮球队 4 场比赛的数据为例,介绍相关的机器学习术语,如图 1.2 所示。

相关的机器学习术语如下:
- 数据总和称为数据集(dataset)。
- 对象在某方面的性质,例如得分、篮板等,称为特征(feature)。

	得分	篮板	助攻	比赛结果
1	27	10	12	赢
2	33	9	9	输
3	51	10	8	输
4	40	13	15	赢

- 每一列具体数值,即特征的取值,例如得分 27,称为特征值(feature value)。

图 1.2 某篮球队 4 场比赛的数据

- 样例结果的信息,例如"赢"或者"输",称为标签(label)。
- 包含标签信息的一行记录,称为样例(example),即样例=(特征,标签)。

1.2.2　算法

算法为核心要素。机器学习算法按照不同的标准有不同的分类结果。按算法的函数，机器学习算法可以分为线性算法和非线性算法；按照学习准则，机器学习算法可以分为统计算法和非统计算法；按照训练样本提供的信息以及反馈方式，机器学习算法可以分为监督学习算法、无监督学习算法、半监督学习算法和强化学习算法，如图 1.3 所示。

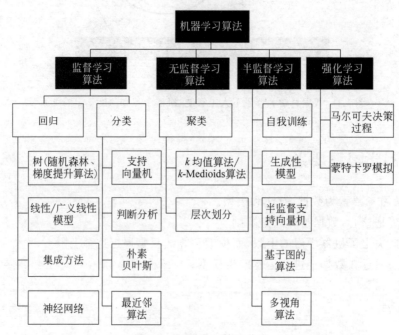

图 1.3　机器学习算法分类

本书重点介绍监督学习和无监督学习。

1. 监督学习

监督学习(supervised learning)是通过现有训练数据集进行建模，再用模型对新的数据样本进行分类或者回归分析的机器学习方法。这种方法类似于学生通过研究问题和参考答案来学习，在掌握问题和答案之间的对应关系后，学生就可以解决类似的新问题。

监督学习是指"喂"给算法的数据带有正确答案(即结果)。正确答案在机器学习领域被称为标签，需要进行标注。监督学习的输出有两种，当算法输出的是连续值时，就是回归(regression)问题；当输出的是离散值时，就是分类(classification)问题。

1) 分类

分类是从特定的数据中挖掘模式、作出判断的过程。通常把分类视作监督学习的离

散形式,在有限的类别中给每个样本贴上正确的标签,例如比赛结果为赢或输,如表 1.1
所示。

表 1.1　分类学习示例

场　次	得　　分	篮　　板	助　　攻	比赛结果
1	27	10	12	赢
2	33	9	9	输
3	51	10	8	输
4	40	13	15	赢

2) 回归

回归(regression)的预测值是连续值,例如效率 65.1、70.3 等,如表 1.2 所示。

表 1.2　回归预测示例

场　次	得　　分	篮　　板	助　　攻	效　　率
1	27	10	12	50.1
2	33	9	9	48.7
3	51	10	8	65.1
4	40	13	15	70.3

2. 无监督学习

无监督学习(unsupervised learning)又称为非监督学习,着重发现数据本身的分布特点。它在没有训练数据集的情况下,对没有标签的数据进行分析并建立合适的模型,以便给出问题的解决方案。与监督学习不同,无监督学习不需要对数据进行标记,没有目标,因此无法从事预测任务,主要适合对数据进行分析。

无监督学习事先不知道该怎样对数据进行标记,而是让算法自身推导出正确答案。无监督学习分为数据聚类和特征降维。

1) 数据聚类

数据聚类(clustering)是无监督学习的主流应用之一,其目的是对数据进行分类,但是事先并不知道如何分类,对大量未加标记的数据集,按数据的内在相似性将数据划分为多个类别,使同一类别内的数据相似度较大而不同类别间的数据相似度较小。在聚类的结论出来之前,完全不知道每一类有什么特点。

聚类和分类最大的不同在于:分类的目标是事先已知的,而聚类事先不知道目标是什么,目标没有像分类那样被预先定义出来。

2) 特征降维

数据降维(dimensionality reduction)是对事物的特性进行压缩和筛选,即,对于许多特征表示的高维数据,通过降维,使用较少的特征就可以概括该数据的重要特性。

有监督学习模式和无监督学习模式的区别在于输入变量扮演的角色不同以及如何为训练模型准备数据。两者的总结如表 1.3 所示。

表 1.3　学习模式总结

学习模式	建模方法	举例
有监督学习	模型训练过程有人工干预,目的是识别哪些输出是正确的结果,哪些输出不是	在历史数据集中标记患有或者未患有特定疾病的人,从而利用这一历史数据信息在新的(未标记过的)数据集中预测哪些人可能患有疾病
无监督学习	模型通过自我描述或组织数据,自己发现模式或规律	对消费者行为的分析,区分是否访问特定网站。在没有先验假设的情况下,对浏览网站的人自动进行分类

1.2.3　模型

不同的机器学习模型针对某一特定问题有不同的执行效率和准确率,因此,针对特定问题选择合适的模型非常重要。模型选择是一个复杂的决策过程,涉及问题领域、数据量、训练时长、模型的准确度等多方面的问题。训练程序输出的结果就是模型。从数据中获得模型的过程称为学习或训练。

学习一般有如下步骤:

(1) 选择模型类型,选择优化算法,根据模型类型和算法编写程序。

(2) 在训练集上运行模型,获得训练集预测结果。在测试集上运行模型,获得测试集预测结果。反复迭代以改进模型,直至获得满意效果,或者已经无法继续优化的模型为止。

1.3　机器学习开发流程

机器学习开发流程包括数据采集、数据预处理、特征工程、模型构建和训练、模型优化和评估 5 个步骤,如图 1.4 所示。

图 1.4　机器学习开发流程

1.3.1　数据采集

机器学习的数据来源多种多样,本书使用 Sklearn 平台的数据集,见附录 B。数据也可通过数据采集获得,例如采用网络爬虫。

网络爬虫一般有爬取、解析、存储 3 个主要步骤,具体如下。

步骤1：爬取。

爬取是指获取网页的源代码，Python 提供了 urllib、requests 等工具库。

步骤2：解析。

解析是指从网页源代码中提取有用的信息。一般有如下方法。

（1）采用正则表达式，Python 提供了 re 模块。

（2）由于网页具有规则结构，可以利用 Beautiful Soup 等提取网页信息。

（3）如果是动态网页，采用 Selenium 和 PhantomJS 抓取数据。

步骤3：存储。

存储是指将提取到的数据保存到某处，以便后续处理和分析，可以保存为 CSV 文件、TXT 文件或 JSON 文件，也可以保存到 MySQL 和 MongoDB 等数据库中。

Python 的爬虫如表 1.4 所示。

表 1.4　Python 的爬虫

信息表示方式	爬　　虫
静态网页	urllib、requests、BeautifulSoup、re
动态网页	Selenium 和 PhantomJS
爬虫框架	Scrapy
数据存储	CSV 文件、TXT 文件或 JSON 文件，也可以保存到 MySQL 和 MongoDB 等数据库中

1.3.2　数据预处理

由于机器学习具有大量不完整、不一致的脏数据，无法直接进行数据分析，由此产生了数据预处理技术。数据预处理有多种方法，包括数据清理、数据集成、数据变换、数据规约等，用于提高机器学习模型的质量，节省时间。

1.3.3　特征工程

特征工程包括特征提取、特征选择、特征降维等处理。特征提取与特征选择都是为了从原始特征中找出最有效的特征。特征提取强调通过特征转换的方式得到一组具有明显物理意义或统计意义的特征。特征选择是从特征集合中挑选一组具有明显物理意义或统计意义的特征子集，主要进行如下操作：哑编码、TF-IDF、连续数据的离散化、标准化、归一化等。

1.3.4　模型构建和训练

机器学习的最终目的是将训练好的模型部署到真实的环境中，希望训练好的模型能够在真实的数据上得到好的预测效果。模型在真实环境中的误差叫作泛化误差。最终目标是训练好的模型泛化误差越低越好。

机器学习的数据需要划分为训练集和测试集。使用训练集的数据训练模型,使用测试集验证模型的最终效果。

1.3.5 模型优化和评估

对于分类问题,常见的评价标准有正确率、准确率、召回率、ROC 曲线和 AUC 等。对于回归问题,往往使用均方误差(Mean Square Error,MSE)等指标评价模型的效果,也可使用回归损失函数作为评价指标。

1.4 Sklearn 框架

Sklearn 全称为 scikit-learn,是当前较为流行的机器学习框架。它作为基于 Python 语言的开源工具包,与 NumPy、SciPy 和 Matplotlib 等数值计算库紧密关联。

Sklearn 的官网主页为 https://scikit-learn.org/stable/,如图 1.5 所示。

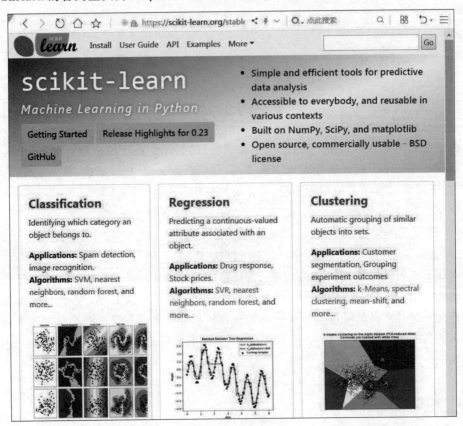

图 1.5　Sklearn 官网主页

1.4.1 Sklearn 简介

Sklearn 具有分类、回归、聚类、降维、模型选择和预处理 6 个功能模块，具体介绍如下。

（1）分类。识别某个对象属于哪个类别，常用的算法有 SVM（支持向量机）、KNN（最近邻）、random forest（随机森林）。

（2）回归。预测与对象相关联的连续值属性，常用的算法有 SVR（支持向量回归）、ridge regression（岭回归）。

（3）聚类。将相似对象自动分组，常用的算法有 spectral clustering、k-means。

（4）降维。减少要考虑的随机变量的数量，常见的算法有 PCA（主成分分析）、feature_selection（特征选择）。

（5）模型选择。用于比较、验证、选择参数和模型，常用的模块有 grid search（网格搜索）、cross validation（交叉验证）、metrics（度量）。

（6）预处理。特征提取和归一化，常用的模块有 preprocessing（预处理）和 feature_extraction（特征提取）。

Sklearn 针对无监督学习算法的模块如表 1.5 所示。

表 1.5　Sklearn 针对无监督学习算法的模块

模　　块	说　　明
cluster	聚类
decomposition	因子分解
mixture	高斯混合模型
neural_network	无监督的神经网络
covariance	协方差估计

Sklearn 针对有监督学习的模块如表 1.6 所示。

表 1.6　Sklearn 针对有监督学习的模块

模　　块	说　　明
tree	决策树
svm	支持向量机
neighbors	近邻算法
linear_model	广义线性模型
neural_network	神经网络
kernel_ridge	岭回归
naive_bayes	朴素贝叶斯

Sklearn 针对数据转换的模块如表 1.7 所示。

表 1.7　Sklearn 针对数据转换的模块

模　　块	说　　明
feature_extraction	特征提取
feature_selection	特征选择
preprocessing	预处理

1.4.2　Sklearn 的安装过程

Sklearn 安装要求 Python(版本不低于 2.7)、NumPy（版本不低于 1.8.2）、SciPy（版本不低于 0.13.3）。在安装 NumPy 和 SciPy 之后，在 Anaconda Prompt 下运行如下命令安装 Sklearn：

```
pip install -U scikit-learn
```

运行效果如图 1.6 所示。

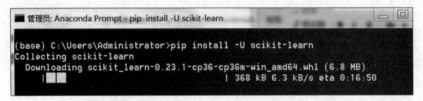

图 1.6　安装 Sklearn 命令的运行效果

Sklearn 安装成功后，进入 Python 环境，输入如下命令加载 Sklearn：

```
import sklearn
```

运行效果如图 1.7 所示，说明 Sklearn 安装成功。

图 1.7　import sklearn 命令的运行效果

1.4.3　基于 Sklearn 的机器学习流程

基于 Sklearn 的机器学习流程大致分为如下步骤：

步骤 1：读取数据。

采用 Sklearn 自带数据集，或者采用 Pandas 读取 CSV、Excel 等文件的数据。

步骤 2：划分数据集。

使用 Sklearn 的 train_test_split 命令将数据集分为训练集和测试集。

步骤 3：选择机器学习算法。

使用线性分类器、支持向量机、朴素贝叶斯、KNN、决策树等机器学习算法。

步骤 4：超参数调优。

使用网格搜索、交叉验证进行超参数调优。

步骤 5：模型评估。有以下两种方法。

方法 1：使用每个机器学习算法自带的 score 方法。

sklearn 中的预估器(estimator)都有 score 方法，采用默认的评估法则，代码如下。

```
score=estimator.score(X_test,y_test)          #测试集的特征值和目标值
```

方法 2：对比预测值与真实值，估计模型算法性能，代码如下。

```
y_predict=estimator.predict(X_test)
print(y_predict)
```

对比预测值与真实值的流程图如图 1.9 所示。

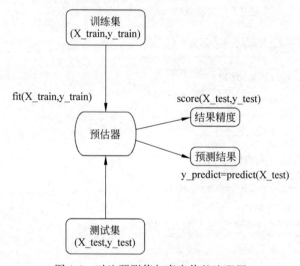

图 1.8　对比预测值与真实值的流程图

步骤 6：保存模型。

Sklearn 提供了 joblib 模块，可将模型保存至硬盘，进行模型持久化。加载 joblib 模块的语法如下：

```
from sklearn.externals import joblib
```

安装 joblib 模块使用的命令如下：

```
pip install -U joblib
```

该命令的运行效果如图 1.9 所示。

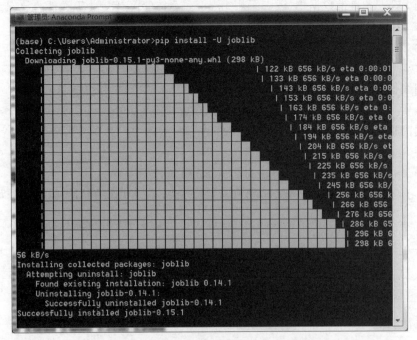

图 1.9　安装 joblib 模块的命令的运行效果

保存模型使用 dump 命令,如下:

```
joblib.dump(lr, 'lr.model')                    #lr 是一个 LogisticRegression 模型
```

加载模型使用 load 命令,如下:

```
lr=joblib.load('lr.model')
```

【例 1.2】　模型保存与加载示例。

```
from sklearn.externals import joblib
from sklearn.svm import SVC
from sklearn import datasets
#定义一个分类器
svm=SVC()
iris=datasets.load_iris()
X=iris.data
y=iris.target
#训练模型
svm.fit(X,y)
#保存模型,使用 Sklearn 自带的 joblib 文件格式
joblib.dump(svm,'d:\svm.pkl')
#加载 svm.pkl
new_svm2=joblib.load('d:\svm.pkl')
print (new_svm2.predict(X[0:1]))
```

1.5　Anaconda

1.5.1　Anaconda 简介

Anaconda 是一个开源的 Python 发行版本，其包含了 Conda、Python 等 180 多个科学包及其依赖项，在数据可视化、机器学习、深度学习等多方面都得到了应用，基本上继承了所有数据分析的开发环境。本书所有程序均在 Anaconda 下调试与运行。

Anaconda 有以下特点：

（1）提供了包管理功能。使用 Conda 和 pip 安装、更新、卸载第三方工具包简单方便，不需要考虑版本等问题。

（2）集成了数据科学相关的工具包。Anaconda 集成了 NumPy、SciPy、Pandas 等用于数据分析的各类第三方包。

（3）支持 Python 2.6、2.7、3.3 等版本，解决了 Python 多版本并存的问题。

1.5.2　Anaconda 的安装过程

Anaconda 的安装步骤如下：

（1）打开 Anaconda 的官网下载页面（https://www.anaconda.com/download/），如图 1.10 所示。

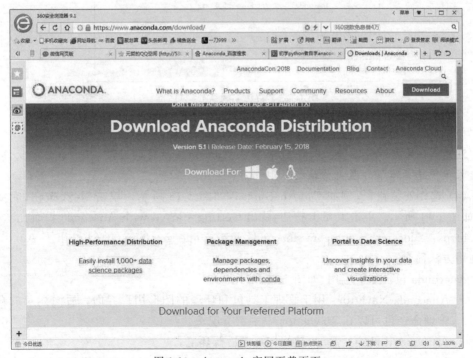

图 1.10　Anaconda 官网下载页面

（2）根据计算机的操作系统是 32 位还是 64 位选择对应的版本，如图 1.11 所示。

图 1.11　选择版本

（3）单击链接下载 Python 3.6 version，出现"新建下载任务"对话框，如图 1.12 所示。

图 1.12　"新建下载任务"对话框

单击"下载"按钮，下载 anaconda3-5.1.0-Windows-x86_64.exe，大约 500MB。

注意：如果是 Windows 10 系统，在安装 Anaconda 软件的时候，应右击安装软件，在快捷菜单中选择以管理员身份运行。

（4）选择安装路径，例如 C:\Anaconda3，如图 1.13 所示。单击 Next 按钮，完成安装，如图 1.14 所示。单击 Finish 按钮，跳出 Getting started with Anaconda 界面。

https://docs.anaconda.com/anaconda/user-guide/getting-started 给出了 Anaconda 的使用方法简介。

Anaconda 包含如下应用，如图 1.15 所示。

- Anaconda Navigtor：用于管理工具包和环境的图形用户界面。后面涉及的众多管理命令也可以在 Navigator 中手工实现。
- AnacondaPrompt：Python 的交互式运行环境。
- Jupyter Notebook：基于 Web 的交互式计算环境，可以编辑便于人们阅读的文

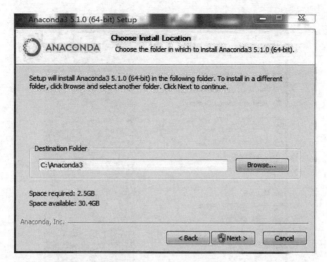

图 1.13　选择安装路径

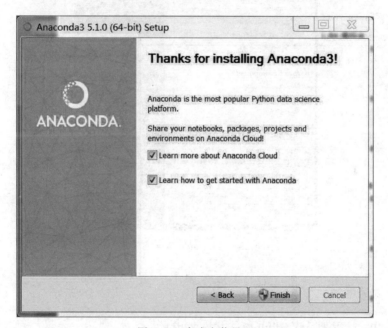

图 1.14　完成安装界面

档,用于展示数据分析的过程。

- Spyder:一个使用 Python 语言的跨平台科学运算集成开发环境。与 PyDev、
PyCharm、PTVS 等 Python 编辑器相比,Spyder 对内存的需求小得多。

1.5.3　Anaconda 的运行方式

Anaconda 有交互式编程、脚本式编程和 Spyder 3 种运行方式。

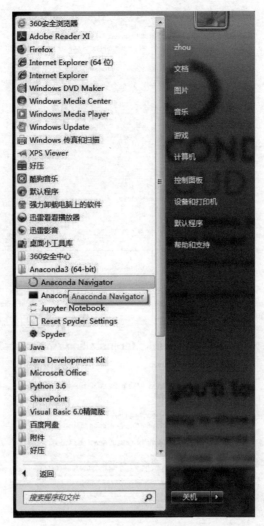

图 1.15　Anaconda 包含的应用

1. 交互式编程

在 test_py3 环境输入 Python 命令并按 Enter 键后,出现＞＞＞提示符,进入交互式编程模式,如图 1.16 所示。

```
(test_py3) C:\Users\Administrator>python
Python 3.6.5 |Anaconda, Inc.| (default, Mar 29 2018, 13:32:41) [MSC v.1900 64 bi
t (AMD64)] on win32
Type "help", "copyright", "credits" or "license" for more information.
>>>
```

图 1.16　进入交互式编程模式

在＞＞＞之后输入 Python 代码。例如,输入

```
print('Hello world!')
```

命令的运行结果如图 1.17 所示。

```
>>> print('Hello world!')
Hello world!
```

图 1.17　print 命令的运行结果

2. 脚本式编程

Python 和其他脚本语言（如 Java、R、Perl 等）一样，可以直接在命令行运行脚本程序。

例如，在 D 盘根目录下创建 Hello.py 文件，内容如图 1.18 所示。

图 1.18　Hello.py 文件内容

进入 test_py3 环境后，输入

```
python d:\Hello.py
```

命令的运行结果如图 1.19 所示。

```
(base) C:\Users\Administrator>python d:\Hello.py
Hello world!
Hello Again
```

图 1.19　运行 d:\Hello.py 脚本程序

3. Spyder

Spyder 是 Python 的集成开发环境，其编辑器如图 1.20 所示。

1.5.4　Jupyter Notebook

在 Anaconda 中运行 Jupyter Notebook，结果如图 1.21 所示。
随后出现 Jupyter 主页，如图 1.22 所示，其网址是 http://localhost：8888/tree。
单击 New 按钮，在下拉列表中选择 Python 3，结果如图 1.23 所示。
Jupyter Notebook 有两种键盘输入模式：
（1）编辑模式。允许输入代码或文本，这时的单元框线是绿色的。
（2）命令模式。允许输入运行程序的命令，这时的单元框线是灰色的。

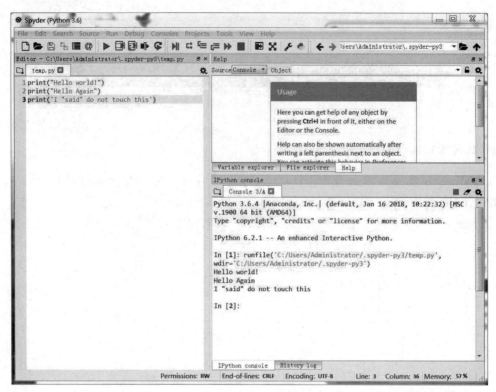

图 1.20　Spyder 编辑器

图 1.21　Jupyter Notebook

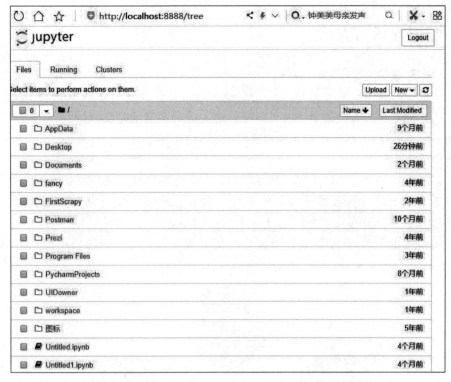

图 1.22　Jupyter 主页

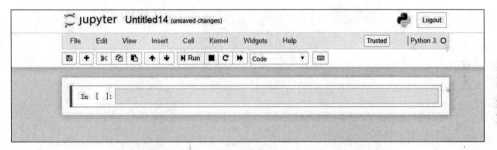

图 1.23　Jupyter Notebook 编辑/命令模式界面

Jupyter Notebook 的常用操作热键如下：

- Shift＋Enter：运行本单元,选中下一个单元。
- Ctrl＋Enter：运行本单元。
- Alt＋Enter：运行本单元,在其下插入新单元。
- Y：单元转入代码状态。
- M：单元转入 markdown 状态。
- A：在上方插入新单元。
- B：在下方插入新单元。
- X：剪切选中的单元。
- Shift＋V：在上方粘贴单元。

1.6 学习建议与方法

1.6.1 学习建议

怎样才能尽快进入机器学习的大门呢？最关键的一点就是实践，将学到的知识立刻应用到实际的程序中，水平就能不断提高。

下面给出一些学习建议。

（1）熟悉一门编程语言。Python、C、Java、R 等高级语言都可以用于机器学习。Python 程序设计语言与机器学习实践更珠联璧合。Python 作为解释型语言能够适应机器学习任务广泛分布在多种平台上的特点。Python 具有大量的第三方开源工具包以及机器学习的平台，便于机器学习算法的使用和开发。Python 的应用领域如图 1.24 所示。

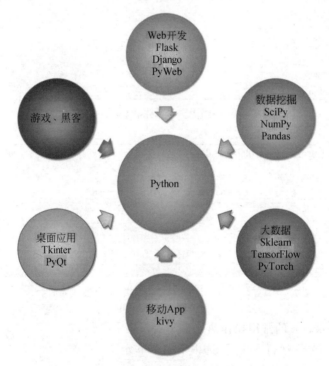

图 1.24　Python 的应用领域

（2）熟悉机器学习的基本概念，主要包括监督学习、无监督学习、分类、回归、过拟合、欠拟合等。

（3）了解机器学习的常见算法，主要包括线性分类器、支持向量机、朴素贝叶斯、KNN、决策树等。

（4）掌握对数据进行处理的方式，主要包括数据清洗、数据预处理、数据降维、特征工程等。

1.6.2　学习方法

吴恩达(Andrew Ng)的"机器学习"(网易云课堂)是比较基础的课程,其网址为https://study.163.com/course/courseLearn.htm? courseId ＝ 1004570029 ♯/learn/video? lessonId＝1049052745＆courseId＝1004570029。一般可将该课程作为学习机器学习的首选。但是该课程涵盖的知识较多,侧重理论性,需要如下相关的数学知识:

- 线性代数:矩阵/张量乘法、求逆、奇异值分解/特征值分解、行列式、范数等。
- 数理统计与概率论:概率分布、独立性与贝叶斯算法、最大似然估计、最大后验估计等。
- 信息论:基尼系数、熵等。
- 优化:线性优化、非线性优化(凸优化/非凸优化)、梯度下降法、牛顿法、基因算法、模拟退火算法等。
- 数值计算:上溢与下溢、平滑处理、计算稳定性等。
- 微积分:偏微分、链式法则、矩阵求导等。

因此,对于零基础的学习者,学习路线可以从代码开始,通过分析问题,掌握机器学习相关算法的基本思想,采用基于 Sklearn 平台及其自带数据集更易于入门。其后,可以使用 Kaggle 竞赛平台,用真实世界的数据训练每个模型,对机器学习有整体了解后,再深入地对理论知识进行完善。除了吴恩达的课程外,还可以参考林轩田的"机器学习基石"和"机器学习技法"(https://www.bilibili.com/video/av12469267)、周志华的"西瓜书"(https://blog.csdn.net/u014038273/article/details/79654734)和李航的《深度学习》("花书")等。

1.6.3　Kaggle 竞赛平台

Kaggle 作为目前全世界最有影响力、参与人数最多的数据建模和数据分析线上竞赛平台创立于 2010 年,主要为开发商和数据科学家提供举办机器学习竞赛、托管数据库、编写和分享代码的平台。

Kaggle 的网址是 https://www.kaggle.com/,其主页如图 1.25 所示。

图 1.25　Kaggle 主页

第 2 章　Python 科学计算

本章重点介绍 NumPy、SciPy、Matplotlib 以及 Pandas。其中，NumPy 负责数值计算、矩阵操作等，SciPy 负责常见的数学算法，插值、拟合等，Matplotlib 负责数据可视化，Pandas 是操作大型数据集所需的工具。

2.1　走进科学计算

科学计算(scientific computing)是指在问题领域(科学与工程)使用计算机数学建模和数值分析技术分析和解决问题的过程。科学计算属于计算机科学、数学、问题领域的交叉学科，如图 2.1 所示。

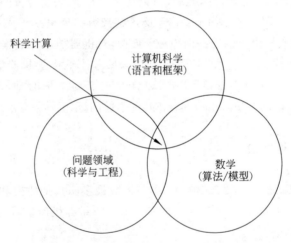

科学计算

计算机科学
(语言和框架)

问题领域
(科学与工程)

数学
(算法/模型)

图 2.1　科学计算的交叉学科地位

Python 在数据分析、机器学习、数据可视化等方面应用广泛，具有众多应用于科学计算的库，主要如下：

(1) NumPy(Numerical Python)。作为 Python 科学计算最核心的扩展库，将 Python 转变为强大的科学分析和建模工具。

(2) Matplotlib。用于数据可视化，可以绘制线性图、直方图、散点图等。

(3) SciPy。在优化、非线性方程求解、常微分方程等方面应用广泛。

(4) Pandas。用于数据清洗，对噪声等数据进行处理，从而便于机器学习和数据分析。

Python 数据分析相关扩展库如表 2.1 所示。

表 2.1　Python 数据分析相关扩展库

扩展库	简　介
NumPy	提供数组和矩阵支持以及相应的高效处理函数
SciPy	提供矩阵支持以及矩阵相关的数值计算模块
Matplotlib	强大的数据可视化工具、作图库
Pandas	强大的数据分析和探索工具
Sklearn	支持回归、分类、聚类等强大的机器学习库

打开 Anaconda Prompt,输入 conda list 命令可以查看已安装的科学计算包,如图 2.2 所示。

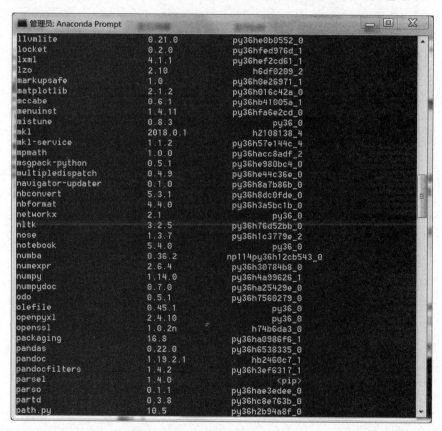

图 2.2　查看已安装的科学计算包

2.2　NumPy

2.2.1　NumPy 简介

NumPy 是 Python 的开源扩展库,定义了数组和矩阵类型以及基本运算的语言扩展,主要用于矩阵数据、矢量处理等。

NumPy 的官方网址为 http://www.numpy.org/。

在 Anaconda Prompt 下使用命令 pip install numpy 安装 NumPy，如图 2.3 所示。

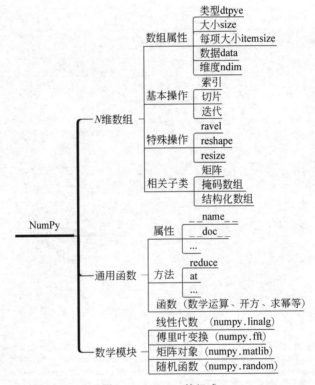

```
(base) C:\Users\Administrator>pip install numpy
Requirement already satisfied: numpy in c:\programdata\anaconda3\lib\site-packag
es
You are using pip version 9.0.3, however version 10.0.0 is available.
You should consider upgrading via the 'python -m pip install --upgrade pip' comm
and.
```

图 2.3 安装 NumPy

NumPy 的组成如图 2.4 所示。

图 2.4 NumPy 的组成

Python 提供了 array 模块，但是 array 不支持多维数组，也没有各种运算函数，不适合进行数值运算。而 NumPy 提供的同质多维数组 ndarray 正好弥补了以上不足。ndarray 对象的主要属性如表 2.2 所示。

表 2.2 ndarray 对象的主要属性

属 性 名	含 义
ndarray.ndim	数组的轴的数量（维度）
ndarray.shape	数组各维的大小，为一个整数元组。对于一个 n 行 m 列的矩阵来说，shape 就是 (n,m)。shape 元组的长度就是维度（ndim）

属 性 名	含 义
ndarray.size	数组元素的总个数
ndarray.dtype	数组元素类型
ndarray.itemsize	数组元素的字节大小。例如,数组元素类型为 float64,则 itemsize 为 8
ndarray.data	缓冲区,包含数组的实际元素

NumPy 通常使用如下代码导入:

```
import numpy as np                    #导入 NumPy
```

2.2.2　创建数组

创建数组有 array、arange、linspace 和 logspace 4 种方法,具体介绍如下。

1. array

可以用 array 创建数组,将元组或列表作为参数。

【例 2.1】　array 示例。

```
import numpy as np                    #导入 NumPy
a=np.array([[1,2],[4,5,7]])          #创建数组,将元组或列表作为参数
a2=np.array(([1,2,3,4,5],[6,7,8,9,2]))  #创建二维的 array 对象
print(type(a))                       #a 的类型是数组
print(type(a2))
print(a)
print(a2)
```

【程序运行结果】

```
<class 'numpy.ndarray'>
<class 'numpy.ndarray'>
[list([1, 2]) list([4, 5, 7])]
[[ 1  2  3  4  5]
 [ 6  7  8  9  2]]
```

2. arange

可以用 arange 函数创建数组。

【例 2.2】　arange 示例。

```
import numpy as np
a=np.arange(12)                      #利用 arange 函数创建数组
print(a)
```

```
a2=np.arange(1,2,0.1)                    #arange 函数和 range 函数相似
print(a2)
```

【程序运行结果】

```
[0   1   2   3   4   5   6   7   8   9]
[1.  1.1 1.2 1.3 1.4 1.5 1.6 1.7 1.8 1.9]
```

3. linspace

linspace 用于创建指定数量且等间隔的序列,实际上主要用于生成等差数列。

【例 2.3】 linspace 示例。

```
import numpy as np
a=np.linspace(0,1,12)                    #从 0 开始,到 1 结束,共 12 个数的等差数列
print(a)
```

【程序运行结果】

```
[0.          0.09090909 0.18181818 0.27272727  0.36363636  0.45454545
 0.54545455 0.63636364 0.72727273 0.81818182  0.90909091 1.          ]
```

4. logspace

logspace 用于生成等比数列。

【例 2.4】 logspace 示例。

```
import numpy as np
a=np.logspace(0,2,5)
#生成首位是 10 的 0 次方、末位是 10 的 2 次方、含 5 个数的等比数列
print(a)
```

【程序运行结果】

```
[  1.          3.16227766 10.          31.6227766 100.          ]
```

2.2.3 查看数组

使用 print 可以查看数组的属性和元素。

【例 2.5】 查看数组示例。

```
import numpy as np                       #导入 NumPy
a=np.array([[1,2],[4,5,7],3])            #创建数组,将元组或列表作为参数
a2=np.array(([1,2,3,4,5],[6,7,8,9,2]))   #创建二维的 array 对象
print(type(a))                           #a 的类型是数组
print(a)
print(a2)
```

```
print(a.dtype)                      #查看 a 数组中每个元素的类型
print(a2.dtype)                     #查看 a2 数组中每个元素的类型
print(a.shape)                      #查看 a 数组的行列数
print(a2.shape)                     #查看 a2 数组的行列数,返回表示行列数的元组
print(a.shape[0])                   #查看 a 数组的行数
print(a2.shape[1])                  #查看 a2 数组的列数
print(a.ndim)                       #获取 a 数组的维数
print(a2.ndim)
print(a2.T)                         #转置 a2 数组
```

【程序运行结果】

```
<class 'numpy.ndarray'>
[list([1, 2]) list([4, 5, 7]) 3]
[[ 1  2  3  4  5]
 [ 6  7  8  9  2]]
object
int32
(3,)
(2, 5)
3
5
1
2
[[ 1  6]
 [ 2  7]
 [ 3  8]
 [ 4  9]
 [ 5  2]]
```

2.2.4　索引和切片

在 print 中指定索引范围,可以对数组进行切片。

【例 2.6】　索引和切片示例。

```
import numpy as np
a=np.array([[1,2,3,4,5],[6,7,8,9,2]])
print(a)
print(a[:])                 #选取全部元素
print(a[1])                 #选取行索引为 1 的全部元素(行、列索引均从 0 开始)
print(a[0:1])               #截取行索引范围为[0,1)的元素
print(a[1,2:5])             #截取第二行列索引范围为[2,5)的元素
print(a[1,:])               #截取第二行所有元素
print(a[1,2])               #截取行索引为 1,列索引为 2 的元素
```

```
print(a[1][2])              #截取行索引为1,列索引为2的元素,与上面等价
#按条件截取
print(a[a>6])               #截取a中大于6的元素
print(a>6)                  #比较a中每个元素和6的大小,输出值False或True
a[a>6]=0                    #把矩阵a中大于6的元素变成0
print(a)
```

【程序运行结果】

```
[[1  2  3  4  5]
 [6  7  8  9  2]]
[[1  2  3  4  5]
 [6  7  8  9  2]]
[6  7  8  9  2]
[[1  2  3  4  5]]
[8  9  2]
[6  7  8  9  2]
8
8
[7  8  9  2]
[[False  False  False  False  False]
 [False  True   True   True   True]]
[[1  2  3  4  5]
 [6  0  0  0  0]]
```

2.2.5 矩阵运算

对数组可以进行矩阵运算。

【例2.7】 矩阵运算示例。

```
import numpy as np
import numpy.linalg as lg     #求矩阵的逆需要先导入numpy.linalg
a1=np.array([[1,2,3],[4,5,6],[2,4,5]])
a2=np.array([[1,2,4],[3,4,8],[8,5,6]])
print(a1+a2)                  #两个矩阵相加
print(a1-a2)                  #两个矩阵相减
print(a1/a2)                  #两个矩阵对应元素相除,如果都是整数则取商
print(a1%a2)                  #两个矩阵对应元素相除后取余数
print(a1**2)                  #矩阵每个元素都取2次方
print(a1.dot(a2))             #点乘的条件是第一个矩阵的列数等于第二个矩阵的行数
print(a1.transpose())         #转置等价于print(a1.T)
print(lg.inv(a1))             #用linalg的inv函数求逆
```

【程序运行结果】

```
[[ 2   4   7]
 [ 7   9  14]
 [ 2   9  11]]
[[ 0   0  -1]
 [ 1   1  -2]
 [-6  -1  -1]]
[[1.          1.    0.75       ]
 [1.33333333  1.25  0.75       ]
 [0.25        0.8   0.83333333 ]]
[[0  0  3]
 [1  1  6]
 [2  4  5]]
[[ 1   4   9]
 [16  25  36]
 [ 4  16  25]]
[[31  25  38]
 [67  58  92]
 [54  45  70]]
[[1  4  2]
 [2  5  4]
 [3  6  5]]
[[ 0.33333333   0.66666667  -1.        ]
 [-2.66666667  -0.33333333   2.        ]
 [ 2.           0.          -1.        ]]
```

2.2.6 主要方法

NumPy 的主要方法如表 2.3 所示。

表 2.3　NumPy 的主要方法

方　　法	说　　明
numpy.array	生成一组数
numpy.random.normal	生成一组服从正态分布的定量数
numpy.random.randint	生成一组服从均匀分布的定性数
numpy.mean	计算均值
numpy.median	计算中位数
numpy.ptp	计算极差
numpy.var	计算方差

续表

方　法	说　明
numpy.std	计算标准差
numpy.cov	计算协方差
numpy.corrcoef	计算相关系数

2.3　Matplotlib

2.3.1　Matplotlib 简介

Matplotlib 发布于 2007 年，其函数在设计时参考了 MATLAB 的相关函数，故其名称以 Mat 开头，plot 表示绘图，lib 表示库（集合）。Matplotlib 可以绘制线图、散点图、饼状图、条形图和直方图等，主要用于将 NumPy 计算结果可视化。

Matplotlib 官方网址为 http://matplotlib.org/，如图 2.5 所示。

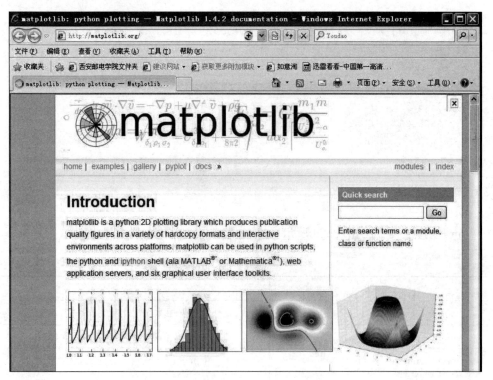

图 2.5　Matplotlib 网站主页

在 Anaconda Prompt 下使用命令 pip install matplotlib 安装 Matplotlib，如图 2.6 所示。

```
(base) C:\Users\Administrator>pip install matplotlib
Requirement already satisfied: matplotlib in c:\programdata\anaconda3\lib\site-p
ackages
Requirement already satisfied: numpy>=1.7.1 in c:\programdata\anaconda3\lib\site
-packages (from matplotlib)
Requirement already satisfied: six>=1.10 in c:\programdata\anaconda3\lib\site-pa
ckages (from matplotlib)
Requirement already satisfied: python-dateutil>=2.1 in c:\programdata\anaconda3\
lib\site-packages (from matplotlib)
Requirement already satisfied: pytz in c:\programdata\anaconda3\lib\site-package
s (from matplotlib)
Requirement already satisfied: cycler>=0.10 in c:\programdata\anaconda3\lib\site
-packages (from matplotlib)
Requirement already satisfied: pyparsing!=2.0.4,!=2.1.2,!=2.1.6,>=2.0.1 in c:\pr
ogramdata\anaconda3\lib\site-packages (from matplotlib)
You are using pip version 9.0.3, however version 10.0.0 is available.
You should consider upgrading via the 'python -m pip install --upgrade pip' comm
and.
```

图 2.6　安装 Matplotlib

2.3.2　图表要素

　　数据可视化是指通过图表形式展现数据，帮助用户快速、准确地理解信息，揭示数据背后的规律。

　　一个图表至少包含标题、横纵坐标轴、数据系列、数据标签、图例等要素，每一部分都在图表中表达特定的信息，如图 2.7 所示。当然，这些要素并不是必须全部具备，当信息足够清晰时，可以精简部分要素，使得图表更加简洁。

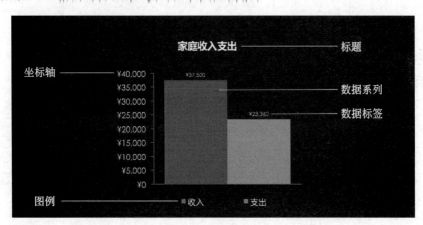

图 2.7　图表要素

　　常用图形有线图、散点图、饼状图、条形图和直方图等。下面依次进行介绍。

2.3.3　线图

　　线图的优点是简单、易绘制，使用 plot 函数实现。plot 函数参数中的第一个数组是横轴的值，第二个数组是纵轴的值，最后一个参数表示线的颜色。

【例 2.8】 线性图示例。

```
import matplotlib.pyplot as plt
plt.plot([1, 2, 3], [3, 6, 9], '-r')
plt.plot([1, 2, 3], [2, 4, 9], ':g')
plt.show()
```

程序运行结果如图 2.8 所示。

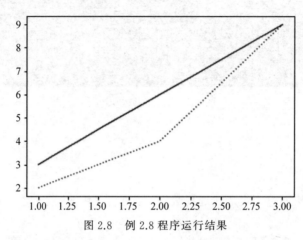

图 2.8　例 2.8 程序运行结果

2.3.4　散点图

散点图是由多个变量绘制的点组成的,用于表示多个变量之间的相关性。从散点图中容易看到相关、负相关、集群和异常值,但是变量间的相关性并不意味着因果关系,不适用于需要清晰表达信息的场景。scatter 函数用来绘制散点图。

【例 2.9】 散点图示例。

```
import matplotlib.pyplot as plt
import numpy as np
N=20
plt.scatter(np.random.rand(N) * 20, np.random.rand(N) * 20, c='r', s=20, alpha
=0.5)
plt.scatter(np.random.rand(N) * 20, np.random.rand(N) * 20, c='g', s=200, alpha
=0.5)
plt.scatter(np.random.rand(N) * 20, np.random.rand(N) * 20, c='b', s=300, alpha
=0.5)
plt.show()
```

程序运行结果如图 2.9 所示。

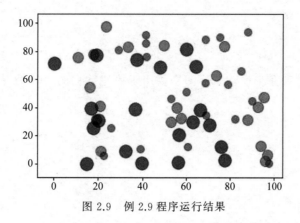

图 2.9　例 2.9 程序运行结果

2.3.5　饼状图

饼状图是一个沿半径方向被分成若干部分的圆,每部分代表变量在整个值中所占的比例,通常用于显示简单的总数细分,如人口统计。饼状图适合展示主导份额和非主导份额,一般将需要突出展示的部分置于左上角,将各部分沿顺时针方向排列。pie 函数用来绘制饼状图。

【例 2.10】　饼状图示例。

```python
import matplotlib.pyplot as plt
import numpy as np
labels=['Mon', 'Tue', 'Wed', 'Thu', 'Fri', 'Sat', 'Sun']
data=np.random.rand(7)  * 100
plt.pie(data, labels=labels, autopct='%1.1f%%')
plt.axis('equal')
plt.legend()
plt.show()
```

程序运行结果如图 2.10 所示。

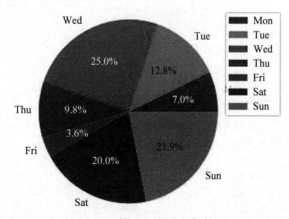

图 2.10　例 2.10 程序运行结果

2.3.6 条形图

Bar 函数用来绘制条形图。条形图主要用于描述数据的对比情况,例如一周中每天的城市车流量。

【例 2.11】 条形图示例。

```
import matplotlib.pyplot as plt
import numpy as np
N=7
x=np.arange(N)
data=np.random.randint(low=0, high=100, size=N)
colors=np.random.rand(N * 3).reshape(N, -1)
labels=['Mon', 'Tue', 'Wed', 'Thu', 'Fri', 'Sat', 'Sun']
plt.title("Weekday Data")
plt.bar(x, data, alpha=0.8, color=colors, tick_label=labels)
plt.show()
```

程序运行结果如图 2.11 所示。

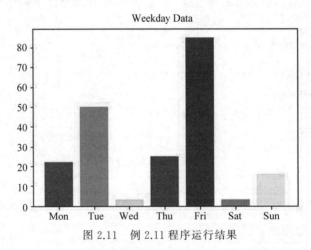

图 2.11　例 2.11 程序运行结果

2.3.7 直方图

直方图用于显示每个值的出现频率,用 hist 函数绘制。直方图与条形图有些类似,但两者含义不同,直方图用于显示变量的分布,而条形图用于比较相同类别的数据。

【例 2.12】 直方图示例。

```
import matplotlib.pyplot as plt
import numpy as np
data=[np.random.randint(0, n, n) for n in [3000, 4000, 5000]]
```

```
labels=['3K', '4K', '5K']
bins=[0, 100, 500, 200, 2000, 3000, 4000, 5000]
plt.hist(data, bins=bins, label=labels)
plt.legend()
plt.show()
```

程序运行结果如图 2.12 所示。

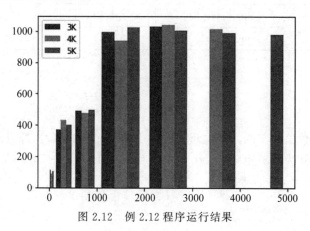

图 2.12　例 2.12 程序运行结果

2.4　SciPy

2.4.1　SciPy 简介

SciPy 用于统计、优化、整合、线性代数运算、傅里叶变换、信号和图像处理等。常用的 SciPy 工具有 stats(统计学工具包)、scipy.interpolate(插值)、cluster(聚类)、signal(信号处理)等。安装 SciPy 之前必须安装 NumPy。SciPy 官方网址为 http://scipy.org。

在 Anaconda Prompt 下使用命令 pip install scipy 安装 SciPy,如图 2.13 所示。

```
(base) C:\Users\Administrator>pip install scipy
Requirement already satisfied: scipy in c:\programdata\anaconda3\lib\site-packag
es
You are using pip version 9.0.3, however version 10.0.0 is available.
You should consider upgrading via the 'python -m pip install --upgrade pip' comm
and.
```

图 2.13　安装 SciPy

SciPy 科学计算库如表 2.4 所示。

表 2.4　SciPy 科学计算库

功　　能	函　　数	功　　能	函　　数
积分	scipy.integrate	线性代数	scipy.linalg
信号处理	scipy.signal	稀疏矩阵	scipy.sparse

续表

功　　能	函　　数	功　　能	函　　数
空间数据结构和算法	scipy.spatial	统计学	scipy.stats
优化	scipy.optimize	多维图像处理	scipy.ndimage
插值	scipy.interpolate	聚类	scipy.cluster
曲线拟合	scipy.curve_fit	文件输入输出	scipy.io
傅里叶变换	scipy.fftpack		

2.4.2　稀疏矩阵

在矩阵中,若数值为 0 的元素数目远远多于非 0 元素的数目,并且非 0 元素分布没有规律时,则称该矩阵为稀疏矩阵。coo_matrix 函数用于创建稀疏矩阵。

【例 2.13】　稀疏矩阵示例。

```
from scipy.sparse import *
import numpy as np
#使用一个已有的矩阵(或数组、列表)创建新矩阵
A=coo_matrix([[1,2,0],[0,0,3],[4,0,5]])
print(A)
#转化为普通矩阵
C=A.todense()
print(C)
#传入一个(data, (row, col))元组来构建稀疏矩阵
I=np.array([0,3,1,0])
J=np.array([0,3,1,2])
V=np.array([4,5,7,9])
A=coo_matrix((V,(I,J)),shape=(4,4))
print(A)
```

【程序运行结果】

```
    (0, 0)      1
    (0, 1)      2
    (1, 2)      3
    (2, 0)      4
    (2, 2)      5
[[1  2  0]
 [0  0  3]
 [4  0  5]]
    (0, 0)      4
    (3, 3)      5
    (1, 1)      7
    (0, 2)      9
```

2.4.3 泊松分布

泊松分布描述单位时间(或面积等)内随机事件发生的次数。泊松分布可视为二项分布的极限。scipy.poisson 函数可实现泊松分布。

【例 2.14】 泊松分布示例。

```python
from scipy.stats import poisson
import matplotlib.pyplot as plt
import numpy as np
fig,ax=plt.subplots(1,1)
mu=2
#求平均值、方差、偏度和峰度
mean,var,skew,kurt=poisson.stats(mu,moments='mvsk')
print(mean,var,skew,kurt)
#ppf为积分布函数的反函数。q=0.01时,ppf就是p(X<x)=0.01时的x值
x=np.arange(poisson.ppf(0.01, mu),poisson.ppf(0.99, mu))
ax.plot(x, poisson.pmf(x, mu),'o')
plt.title(u'泊松分布概率质量函数')
plt.show()
```

【程序运行结果】

```
2.0  2.0  0.7071067811865476  0.5
```

程序运行结果如图 2.14 所示。

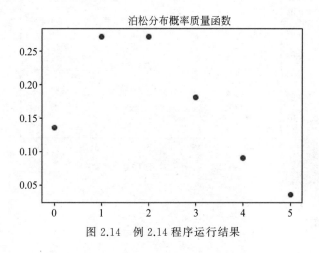

图 2.14 例 2.14 程序运行结果

2.4.4 二项分布

二项分布又叫伯努利分布,是统计变量中只有性质不同的两项群体的概率分布,也就

是两个对立事件的概率分布。scipy.binom(n，p)函数可实现二项分布。

【例 2.15】 二项分布示例。

```
from scipy.stats import binom
import matplotlib.pyplot as plt
import numpy as np
fig,ax=plt.subplots(1,1)
n=100
p=0.5
#求平均值、方差、偏度和峰度
mean,var,skew,kurt=binom.stats(n,p,moments='mvsk')
print(mean,var,skew,kurt)
#ppf为累积分布函数的反函数。q=0.01时,ppf就是p(X<x)=0.01时的x值
x=np.arange(binom.ppf(0.01, n, p),binom.ppf(0.99, n, p))
ax.plot(x, binom.pmf(x, n, p),'o')
plt.title(u'二项分布概率质量函数')
plt.show()
```

【程序运行结果】

```
50.0  25.0  0.0  -0.02
```

程序运行结果如图 2.15 所示。

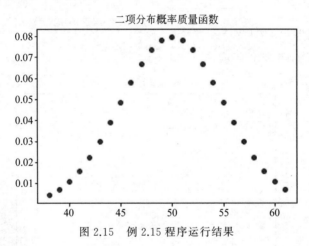

图 2.15　例 2.15 程序运行结果

2.4.5　正态分布

正态分布(normal distribution),也称常态分布或高斯分布(Gaussian distribution)在统计学的许多方面有重要应用。正态曲线呈钟形,两头低,中间高,左右对称,因此也称为钟形曲线。正态分布由平均值和方差两个参数描述。由 scipy.norm 可得到正态分布的概率密度函数。

【例 2.16】 正态分布示例。

```
from scipy.stats import norm
import matplotlib.pyplot as plt
import numpy as np
fig,ax=plt.subplots(1,1)
loc=1
scale=2.0
#求平均值、方差、偏度和峰度
mean,var,skew,kurt=norm.stats(loc,scale,moments='mvsk')
print(mean,var,skew,kurt)
#ppf 为累积分布函数的反函数。q=0.01 时,ppf 就是 p(X<x)=0.01 时的 x 值
x=np.linspace(norm.ppf(0.01,loc,scale),norm.ppf(0.99,loc,scale),100)
ax.plot(x, norm.pdf(x,loc,scale), 'b-',label='norm')
plt.title(u'正态分布概率密度函数')
plt.show()
```

【程序运行结果】

1.0 4.0 0.0 0.0

程序运行结果如图 2.16 所示。

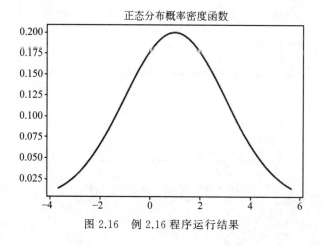

图 2.16 例 2.16 程序运行结果

2.4.6 均匀分布

若随机变量 x 的概率密度函数为

$$f(x)=\frac{1}{b-a} \quad (a<x<b)$$

则称随机变量 x 服从区间 $[a,b]$ 上的均匀分布。uniform 函数可实现均匀分布。

【例 2.17】 均匀分布示例。

```
from scipy.stats import uniform
```

```
import matplotlib.pyplot as plt
import numpy as np
fig,ax=plt.subplots(1,1)
loc=1
scale=1
#求平均值、方差、偏度和峰度
mean,var,skew,kurt=uniform.stats(loc,scale,moments='mvsk')
print(mean,var,skew,kurt)
#ppf为累积分布函数的反函数。q=0.01时,ppf就是p(X<x)=0.01时的x值
x=np.linspace(uniform.ppf(0.01,loc,scale),uniform.ppf(0.99,loc,scale),100)
ax.plot(x, uniform.pdf(x,loc,scale),'b-',label='uniform')
plt.title(u'均匀分布概率密度函数')
plt.show()
```

【程序运行结果】

1.5   0.08333333333333333   0.0   -1.2

程序运行结果如图 2.17 所示。

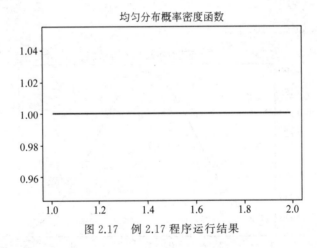

图 2.17   例 2.17 程序运行结果

2.4.7   指数分布

指数分布是一种连续概率分布,用于表示独立随机事件发生的时间间隔,例如旅客进入机场的时间间隔、客服中心电话呼入的时间间隔等。st.expon 函数可实现指数分布。

【例 2.18】   指数分布示例。

```
from scipy.stats import expon
import matplotlib.pyplot as plt
import numpy as np
fig,ax=plt.subplots(1,1)
lambdaUse=2
```

```
loc=0
scale=1.0/lambdaUse
#求平均值、方差、偏度和峰度
mean,var,skew,kurt=expon.stats(loc,scale,moments='mvsk')
print(mean,var,skew,kurt)
#ppf 为累积分布函数的反函数。q=0.01时,ppf 就是 p(X<x)=0.01时的 x 值
x=np.linspace(expon.ppf(0.01,loc,scale),expon.ppf(0.99,loc,scale),100)
ax.plot(x, expon.pdf(x,loc,scale),'b-',label='expon')
plt.title(u'指数分布概率密度函数')
plt.show()
```

【程序运行结果】

```
0.5  0.25  2.0  6.0
```

程序运行结果如图 2.18 所示。

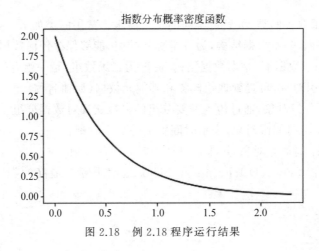

图 2.18　例 2.18 程序运行结果

2.5　Pandas

2.5.1　Pandas 简介

Pandas 的名称来源于面板数据(panel data)和 Python 数据分析(data analysis),作为在 Python 上进行数据分析和挖掘时的数据基础平台和事实上的工业标准,其功能非常强大,支持类似于 SQL 的数据增、删、改、查功能,并且带有丰富的数据处理函数,支持时间序列分析功能,支持灵活处理缺失数据。

Pandas 可以处理不同类型的数据,具体如下:

- 具有异构类型的列的表格数据,例如 SQL 表格或 Excel 数据。
- 有序和无序(不一定是固定频率)时间序列数据。
- 具有行列标签的任意矩阵数据(均匀类型或不同类型)。

• 任何其他形式的观测/统计数据集。

Pandas 的官方网址为 https://pandas.pydata.org/。在 Anaconda Prompt 下使用命令 pip installpandas 安装 Pandas，如图 2.19 所示。

```
(base) C:\Users\Administrator>pip install pandas
Requirement already satisfied: pandas in c:\programdata\anaconda3\lib\site-packa
ges
Requirement already satisfied: python-dateutil>=2 in c:\programdata\anaconda3\li
b\site-packages (from pandas)
Requirement already satisfied: pytz>=2011k in c:\programdata\anaconda3\lib\site-
packages (from pandas)
Requirement already satisfied: numpy>=1.9.0 in c:\programdata\anaconda3\lib\site
-packages (from pandas)
Requirement already satisfied: six>=1.5 in c:\programdata\anaconda3\lib\site-pac
kages (from python-dateutil>=2->pandas)
You are using pip version 9.0.3, however version 10.0.0 is available.
You should consider upgrading via the 'python -m pip install --upgrade pip' comm
and.
```

图 2.19 安装 Pandas

Pandas 提供了众多的类，可满足不同的使用需求。常用的类如下：

• Series：序列，基本数据结构，为一维标签数组，能够保存任何数据类型。
• DataFrame：数据框，基本数据结构，一般为二维数组，是一组有序的列。
• Index：索引对象，负责管理轴标签和其他元数据(如轴名称)。
• groupby：分组对象，通过传入需要分组的参数实现对数据分组。
• Timestamp：时间戳对象，表示时间轴上的一个时刻。
• Timedelta：时间差对象，用来计算两个时间点的差值。

在这 6 个类中，Series、DataFrame 和 Index 是使用频率最高的类。下面依次进行介绍。

2.5.2 Series

Series 由数据以及数据标签(即索引)组成。Series 对象可以认为是 NumPy 的 ndarray，类似于一维数组的对象。

1. 创建 Series

创建 Series 对象的函数是 Series，它的主要参数是 data 和 index，其基本语法格式如下：

```
pandas.Series(data=None, index=None, name=None)
```

参数说明如下：

• data：接收 array 或 dict，表示接收的数据。默认为 None。
• index：接收 array 或 list，表示索引，它必须与数据长度相同。默认为 None。
• name：接收 string 或 list，表示 Series 对象的名称。默认为 None。

可以用以下 3 种方法创建 Series 对象。

（1）通过 ndarray 创建 Series。

【例 2.19】 通过 ndarray 创建 Series 示例。

```
import pandas as pd
import numpy as np
print('通过 ndarray 创建的 Series 为:\n', pd.Series(np.arange(5), index=['a',
'b', 'c', 'd', 'e'], name='ndarray'))
```

【程序运行结果】

```
a    0
b    1
c    2
d    3
e    4
Name: ndarray, dtype: int32
```

（2）通过 dict 创建 Series。

dict 的键（key）作为 Series 的索引，dict 的值（value）作为 Series 的值，因此无须传入 index 参数。通过 dict 创建 Series 对象的代码如下：

```
import pandas as pd
dict={'a': 0, 'b': 1, 'c': 2, 'd': 3, 'e': 4}
print('通过 dict 创建的 Series 为:\n', pd.Series(dict))
```

（3）通过 list 创建 Series。

通过 list 创建 Series 对象的代码如下：

```
import pandas as pd
list1=[0, 1, 2, 3, 4]
print('通过 list 创建的 Series 为:\n', pd.Series(list1, index=['a', 'b', 'c',
'd', 'e'], name='list'))
```

2. Series 属性

Series 拥有以下 8 个常用属性：

- values：以 ndarray 的格式返回 Series 对象的所有元素。
- index：返回 Series 对象的索引。
- dtype：返回 Series 对象的数据类型。
- shape：返回 Series 对象的形状。
- nbytes：返回 Series 对象的字节数。
- ndim：返回 Series 对象的维度。
- size：返回 Series 对象的个数。
- T：返回 Series 对象的转置。

【例 2.20】 访问 Series 的属性示例。

```python
import pandas as pd
series1=pd.Series([1, 2, 3, 4])
print("series1:\n{}\n".format(series1))
print("series1.values: {}\n".format(series1.values))    #Series 对象的数据
print("series1.index: {}\n".format(series1.index))       #Series 对象的索引
print("series1.shape: {}\n".format(series1.shape))       #Series 对象的形状
print("series1.ndim: {}\n".format(series1.ndim))         #Series 对象的维度
```

【程序运行结果】

```
series1:
0    1
1    2
2    3
3    4
dtype: int64
series1.values: [1 2 3 4]
series1.index: RangeIndex(start=0, stop=4, step=1)
series1.shape: (4,)
series1.ndim: 1
```

3. 访问 Series 数据

通过索引位置访问 Series 数据的方法与 ndarray 相同，

【例 2.21】 访问 Series 数据示例。

```python
import pandas as pd
series2=pd.Series([1, 2, 3, 4, 5, 6, 7], index=["C", "D", "E", "F", "G", "A", "B"])
#通过索引位置访问 Series 数据子集
print("series2 位于第 1 位置的数据为:",series2[0])
#通过索引名称(标签)也可以访问 Series 数据
print("E is {}\n".format(series2["E"]))
```

【程序运行结果】

```
series2 位于第 1 位置的数据为: 1
E is 3
```

4. 更新、插入和删除数据

可以采用赋值的方式对指定索引标签(或位置)对应的数据进行修改。

（1）更新 Series 数据。

【例 2.22】 更新 Series 数据示例。

```python
import pandas as pd
```

```
series1=pd.Series(list1, index=['a', 'b', 'c', 'd', 'e'], name='list')
print("series1:\n{}\n".format(series1))
#更新元素
series1['a']=3
print('更新后的 series1 为:\n', series1)
```

【程序运行结果】

```
series1:
a    0
b    1
c    2
d    3
e    4
Name: list, dtype: int64


更新后的 series1 为:
a    3
b    1
c    2
d    3
e    4
Name: list, dtype: int64
```

（2）追加 Series 数据和插入单个数据。

类似 list，可以通过 append 方法在原 Series 上追加新的 Series。若只在原 Series 上插入单个数据，则采用赋值方式。

【例 2.23】 追加 Series 示例。

```
import pandas as pd
series1=pd.Series(list1, index=['a', 'b', 'c', 'd', 'e'], name='list')
print("series1:\n{}\n".format(series1))
series1=pd.Series([4, 5], index=['f', 'g'])
#追加 Series
print('在 series 上追加 series1 后为:\n', series.append(series1))
```

【程序运行结果】

```
series:
a    0
b    1
c    2
d    3
e    4
Name: list, dtype: int64
```

在 `series` 上追加 series1 后为：

```
a    0
b    1
c    2
d    3
e    4
f    4
g    5
dtype: int64
```

（3）删除 Series 中的数据。

使用 drop 方法删除 Series 中的数据，参数为被删除数据对应的索引，inplace＝True 表示改变原 Series。

【例 2.24】 删除 Series 中的数据示例。

```
import pandas as pd
series=pd.Series(list1, index=['a', 'b', 'c', 'd', 'e'], name='list')
print("series:\n{}\n".format(series))
#删除数据
series.drop('e', inplace=True)
print('删除索引 e 对应的数据后的 series 为:\n', series)。
```

【程序运行结果】

```
series:
a    0
b    1
c    2
d    3
e    4
Name: list, dtype: int64

删除索引 e 对应的数据后的 series 为:
a    0
b    1
c    2
d    3
Name: list, dtype: int64
```

2.5.3 DataFrame

DataFrame 是 Pandas 的基本数据结构之一，类似于数据库中的表。DataFrame 既有行索引也有列索引，可以看作 Series 组成的 dict，每个 Series 是 DataFrame 的一列。

Pandas 的两个基本数据结构 Series 与 DataFrame 的比较如表 2.5 所示。

表 2.5 Series 与 DataFrame 的比较

名　　称	维度	说　　明
Series	一维	带有标签的同构数据类型一维数组,与 NumPy 中的一维数组 Array 类似。二者与 Python 基本的数据结构 list 也很相近,其区别是 list 中的元素可以是不同的数据类型,而 Array 和 Series 只允许存储相同的数据类型
DataFrame	二维	带有标签的异构数据类型二维数组。DataFrame 有行和列的索引,可以看作 Series 的容器,一个 DataFrame 中可以包含若干 Series,DataFrame 的行和列的操作大致对称

1. 创建 DataFrame

DataFrame 函数用于创建 DataFrame 对象,其基本语法格式如下:

```
pandas.DataFrame(data=None, index=None, columns=None)
```

参数说明如下:

- data:接收 ndarray、dict、list 和 DataFrame,表示输入数据。默认为 None。
- index:接收 Index 和 ndarray,表示索引。默认为 None。
- columns:接收 Index 和 ndarray,表示列标签(列名)。默认为 None。

可以通过以下 3 种方法创建 DataFrame 对象。

(1) 通过 dict 创建 DataFrame 对象。

【例 2.25】 通过 dict 创建 DataFrame 对象示例。

```
import pandas as pd
dict1={'col1': [0, 1, 2, 3, 4], 'col2': [5, 6, 7, 8, 9]}
print('通过 dict 创建的 DataFrame 为:\n', pd.DataFrame(dict1, index=['a', 'b',
'c', 'd', 'e']))
```

【程序运行结果】

```
通过 dict 创建的 DataFrame 为:
   col1  col2
a    0     5
b    1     6
c    2     7
d    3     8
e    4     9
```

(2) 通过 list 创建 DataFrame 对象。

【例 2.26】 通过 list 创建 DataFrame 对象示例。

```
import pandas as pd
list2=[[0, 5], [1, 6], [2, 7], [3, 8], [4, 9]]
print('通过 list 创建的 DataFrame 为:\n',
```

```
        pd.DataFrame(list2, index=['a', 'b', 'c', 'd', 'e'], columns=['col1', 'col2']))
```

（3）通过 Series 创建 DataFrame 对象。

通过 Series 创建 DataFrame 时，每个 Series 为一行，而不是一列，代码如下：

【例 2.27】 通过 Series 创建 DataFrame 对象示例。

```
import pandas as pd
noteSeries=pd.Series(["C", "D", "E", "F", "G", "A", "B"], index=[1, 2, 3, 4, 5,
6, 7])
weekdaySeries=pd.Series(["Mon", "Tue", "Wed", "Thu","Fri", "Sat", "Sun"],
index=[1, 2, 3, 4, 5, 6, 7])
df4=pd.DataFrame([noteSeries, weekdaySeries])
print("df4:\n{}\n".format(df4))
```

【程序运行结果】

```
df4:
        1     2     3     4     5     6     7
0       C     D     E     F     G     A     B
1     Mon   Tue   Wed   Thu   Fri   Sat   Sun
```

2. DataFrame 属性

DataFrame 是二维数据结构，包含列索引（列名），比 Series 具有更多的属性。DataFrame 常用的属性如下：

- values：以 ndarray 的格式返回 DataFrame 对象的所有元素。
- index：返回 DataFrame 对象的索引。
- columns：返回 DataFrame 对象的列标签。
- dtypes：返回 DataFrame 对象的数据类型。
- axes：返回 DataFrame 对象的轴标签。
- ndim：返回 DataFrame 对象的维度。
- size：返回 DataFrame 对象的个数。
- shape：返回 DataFrame 对象的形状。

【例 2.28】 访问 DataFrame 的属性示例。

```
import pandas as pd
df=pd.DataFrame({'col1': [0, 1, 2, 3, 4], 'col2': [5, 6, 7, 8, 9]}, index=['a',
'b', 'c', 'd', 'e'])
print('DataFrame 的索引为:', df.index)
print('DataFrame 的列标签为:', df.columns)
print('DataFrame 的轴标签为:', df.axes)
print('DataFrame 的维度为:', df.ndim)
print('DataFrame 的形状为:', df.shape)
```

【程序运行结果】

```
DataFrame 的索引为:Index(['a', 'b', 'c', 'd', 'e'], dtype='object')
DataFrame 的列标签为:Index(['col1', 'col2'], dtype='object')
DataFrame 的轴标签为:[Index(['a', 'b', 'c', 'd', 'e'], dtype='object'),
Index(['col1', 'col2'], dtype='object')]
DataFrame 的维度为:2
DataFrame 的形状为:(5, 2)
```

3. 访问 DataFrame 首尾数据

head 和 tail 方法用于访问 DataFrame 首尾指定行数的数据,默认返回 5 行数据。

【例 2.29】 访问数据示例。

```
print('默认返回前 5 行数据为:\n', df.head())
print('返回后 3 行数据为:\n', df.tail(3))
```

4. 更新 DataFrame、插入列和删除列

(1) 更新 DataFrame 采用 DataFrame 方法。

【例 2.30】 更新 DataFrame 示例。

```
import pandas as pd
df=pd.DataFrame({'col1': [0, 1, 2, 3, 4], 'col2': [5, 6, 7, 8, 9]}, index=['a',
'b', 'c', 'd', 'e'])
print('DataFrame 为:\n', df)
#更新列
df['col1']=[10, 11, 12, 13, 14]
print('更新后的 DataFrame 为:\n', df)
```

【程序运行结果】

```
DataFrame 为:
   col1 col2
a    0    5
b    1    6
c    2    7
d    3    8
e    4    9
更新后的 DataFrame 为:
   col1 col2
a   10    5
b   11    6
c   12    7
d   13    8
e   14    9
```

（2）插入列采用赋值的方法。删除可以采用多种方法，如 del、pop、drop 等。

【例 2.31】 插入和删除列示例。

```
import pandas as pd
df3=pd.DataFrame({"note" : ["C", "D", "E", "F", "G", "A","B"], "weekday":
["Mon", "Tue", "Wed", "Thu", "Fri", "Sat","Sun"]})
print("df3:\n{}\n".format(df3))
df3["No."]=pd.Series([1, 2, 3, 4, 5, 6, 7]) #采用赋值的方法插入列
print("df3:\n{}\n".format(df3))
del df3["weekday"]                          #删除列的方法有多种，如 del、pop、drop 等
print("df3:\n{}\n".format(df3))
```

【程序运行结果】

```
df3:
    note  weekday
0      C      Mon
1      D      Tue
2      E      Wed
3      F      Thu
4      G      Fri
5      A      Sat
6      B      Sun


df3:
    note  weekday  No.
0      C      Mon    1
1      D      Tue    2
2      E      Wed    3
3      F      Thu    4
4      G      Fri    5
5      A      Sat    6
6      B      Sun    7


df3:
    note  No.
0      C    1
1      D    2
2      E    3
3      F    4
4      G    5
5      A    6
6      B    7
```

（3）drop 方法。

drop 方法可以删除行或者列，基本语法格式如下：

```
DataFrame.drop(labels, axis=0, level=None, inplace=False, errors='raise')
```

参数说明如下：

- labels：接收字符串或数组，表示删除的行或列的标签。无默认值。
- axis：接收 0 或 1，表示执行操作的轴向，其中 0 表示删除行，1 表示删除列。默认为 0。
- levels：接收 int 值或者索引名，表示索引级别。默认为 None。
- inplace：接收 bool 值。表示操作是否对原数据生效。默认为 False。

【例 2.32】 drop 示例。

```
import pandas as pd
df=pd.DataFrame({'col1': [0, 1, 2, 3, 4], 'col2': [5, 6, 7, 8, 9]}, index=['a',
'b', 'c', 'd', 'e'])
df['col3']=[15, 16, 17, 18, 19]
print('插入列后的 DataFrame 为:\n', df)
df.drop(['col3'], axis=1, inplace=True)
print('删除 col3 列后的 DataFrame 为:\n', df)
#删除行
df.drop('a', axis=0, inplace=True)
print('删除 a 行后的 DataFrame 为:\n', df)
```

【程序运行结果】

插入列后的 DataFrame 为:

```
   col1  col2  col3
a    0     5    15
b    1     6    16
c    2     7    17
d    3     8    18
e    4     9    19
```

删除 col3 列后的 DataFrame 为:

```
   col1  col2
a    0     5
b    1     6
c    2     7
d    3     8
e    4     9
```

删除 a 行后的 DataFrame 为:

```
   col1  col2
b    1     6
c    2     7
d    3     8
e    4     9
```

2.5.4 Index

创建 Series 或 DataFrame 等对象时,索引都会被转换为 Index 对象。Index 对象可以通过 pandas.Index 函数创建,也可以通过创建数据对象 Series、DataFrame 时接收 index(或 column)参数创建,前者属于显式创建,后者属于隐式创建。隐式创建中,通过访问 index(或针对 DataFrame 的 column)属性即可得到 Index。创建的 Index 对象不可修改,保证了 Index 对象在各个数据结构之间的安全共享。

Index 对象常用的属性如下:

- is_monotonic:当各元素均大于前一个元素时返回 True。
- is_unique:当 Index 没有重复值时返回 True。

【例 2.33】 创建 Index 对象示例。

```
import pandas as pd
df=pd.DataFrame({'col1': [0, 1, 2, 3, 4], 'col2': [5, 6, 7, 8, 9]},
                index=['a', 'b', 'c', 'd', 'e'])
print('DataFrames 的 Index 为:', df.index)
print('DataFrame 中 Index 各元素是否大于前一个元素:', df.index.is_monotonic)
print('DataFrame 中 Index 各元素是否唯一:', df.index.is_unique)
```

【程序运行结果】

```
DataFrames 的 Index 为:Index(['a', 'b', 'c', 'd', 'e'], dtype='object')
DataFrame 中 Index 各元素是否大于前一个元素: True
DataFrame 中 Index 各元素是否唯一: True
```

Index 对象的常用方法如下:

- append:连接另一个 Index 对象,产生一个新的 Index 对象。
- difference:计算两个 Index 对象的差集,得到一个新的 Index 对象。
- intersection:计算两个 Index 对象的交集。
- union:计算两个 Index 对象的并集。
- isin:计算一个 Index 对象是否在另一个 Index 对象中,返回 bool 数组。
- delete:删除指定 Index 对象的元素,并得到新的 Index 对象。
- drop:删除传入的值,并得到新的 Index 对象。
- insert:将元素插入指定 Index 对象中,并得到新的 Index 对象。
- unique:计算 Index 对象中唯一值的数组。

【例 2.34】 Index 对象的常用方法示例。

```
import pandas as pd
df1=pd.DataFrame({'col1': [0, 1, 2, 3]}, index=['a', 'b', 'c', 'd'])
df2=pd.DataFrame({'col2': [5, 6, 7]},index=['b','c','d'])
index1=df1.index
index2=df2.index
```

```
print('index1 连接 index2 后结果为:\n', index1.append(index2))
print('index1 与 index2 的差集为:\n', index1.difference(index2))
print('index1 与 index2 的交集为:\n', index1.intersection(index2))
print('index1 与 index2 的并集为:\n', index1.union(index2))
print('index1 中的各元素是否在 index2 中:\n', index1.isin(index2))
```

【程序运行结果】

```
index1 连接 index2 后结果为:
 Index(['a', 'b', 'c', 'd', 'b', 'c', 'd'], dtype='object')
index1 与 index2 的差集为:
 Index(['a'], dtype='object')
index1 与 index2 的交集为:
 Index(['b', 'c', 'd'], dtype='object')
index1 与 index2 的并集为:
 Index(['a', 'b', 'c', 'd'], dtype='object')
index1 中的各元素是否在 index2 中:
 [False  True  True  True]
```

2.5.5 plot

Matplotlib 绘制一张图表需要各个基础组件对象,工作量较大。而在 Pandas 中使用行标签和列标签以及分组信息,可以较为简便地完成图表的制作。

Python 主要统计作图函数如表 2.6 所示。

表 2.6 Python 主要统计作图函数

函 数 名	函 数 功 能	所属工具箱
plot()	绘制二维线图和折线图	Matplotlib/Pandas
pie()	绘制饼状图	Matplotlib/Pandas
hist()	绘制二维直方图,显示数据分配	Matplotlib/Pandas
boxplot()	绘制样本数据的箱形图	Pandas
plot(logy=True)	绘制 Y 轴对数图形	Pandas
plot(yerr=error)	绘制误差条形图	Pandas

【例 2.35】 plot 示例。

```
import pandas as pd
import numpy as np
#调用 plot.pie 对生成的一列随机数的 series 数据类型绘制饼状图
df1=pd.Series(3 * np.random.rand(4),index=['a','b','c','d'],name='series')
df1.plot.pie(figsize=(6,6))
#调用 plot.bar 对生成的 4 列随机数的 DataFrame 数据类型绘制条形图
```

```
df2=pd. DataFrame (np.random.rand(10,4),columns=['a','b','c','d'])
df2.plot.bar()
#调用 plot.box 对生成的 5 列随机数的 DataFrame 数据类型绘制箱形图
df3=pd. DataFrame (np.random.rand(10,5),columns=['A','B','C','D','E'])
df3.plot.box()
#调用 plot.scatter 对生成的 4 列随机数的 DataFrame 数据类型绘制散点图
df4=pd. DataFrame (np.random.rand(50,4),columns=['a','b','c','d'])
df4.plot.scatter(x='a',y='b')
```

【程序运行结果】

程序运行结果如图 2.20～图 2.23 所示。

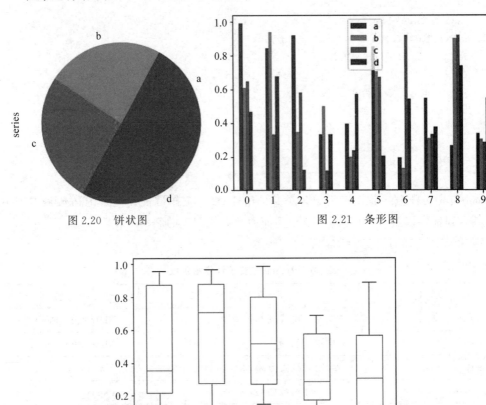

图 2.20　饼状图　　　　　　　　图 2.21　条形图

图 2.22　箱形图

【例 2.36】　箱形图

箱形图又称箱线图或盒式图。不同于线图、条形图或饼状图等只是数据大小、占比、趋势的呈现,箱形图包含统计学的均值、分位数、极值等统计量,用于分析不同类别数据的平均水平差异,展示属性与中位数离散程度,并揭示数据间离散程度、异常值、分布差异等。

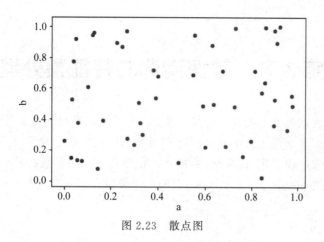

图 2.23　散点图

　　箱形图是一种基于 5 个特殊位置的数概要显示数据分布的标准化方法,如图 2.24 所示。

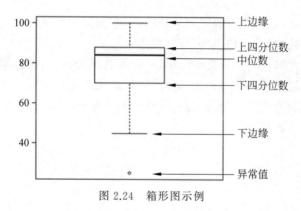

图 2.24　箱形图示例

　　箱形图有 5 个参数:

　　(1) 下边缘(Q_1),表示最小值。

　　(2) 下四分位数(Q_2),又称第一四分位数,等于所有数字由小到大排列后位于 25% 位置处的数字。

　　(3) 中位数(Q_3),又称第二四分位数,等于所有数字由小到大排列后位于 50% 位置处的数字。

　　(4) 上四分位数(Q_4),又称第三四分位数,等于所有数字由小到大排列后位于 75% 位置处的数字。

　　(5) 上边缘(Q_5),表示最大值。

　　异常值对均值和标准差有较大影响。识别异常值的经典方法是:基于正态分布的 3σ 法则,假定数据服从正态分布,计算数据的均值和标准差。而实际数据往往并不严格服从正态分布,箱形图判断异常值的标准以四分位数和四分位距为基础,四分位数具有一定的稳定性。在箱形图中,异常值是小于 $Q_1 - 1.5\text{IQR}$ 或大于 $Q_3 + 1.5\text{IQR}$ 的值,这个标准在识别异常值方面有一定的优越性。IQR(Inter-Quartile Range)意为四分位距。

第 3 章　数据清洗与特征预处理

数据处理是建立机器学习模型的第一步,对最终结果有决定性的作用。本章重点介绍数据清洗与特征预处理。其中,数据清洗是指对缺失值、异常值和重复值等进行处理;特征预处理是指通过规范化、标准化、鲁棒化和正则化等方法将数据转化成符合算法要求的数据。最后介绍 missingno 库和词云,它们用于可视化显示数据相关信息。

3.1　数据清洗

3.1.1　数据清洗简介

在处理数据之前,需要进行数据质量分析,了解数据的功能和作用,检查原始数据中是否存在脏数据。脏数据一般是指不符合要求以及不能直接进行相应分析的数据。

脏数据往往存在如下问题:没有列头,一个列有多个参数,列数据的单位不统一,存在缺失值、空行、重复数据和非 ASCII 字符,有些列头应该是数据而不应该是列名参数,等等。可将这些问题大致归类为缺失值、异常值和重复值等噪声数据问题。而数据清洗就是发现并处理这些数据问题。

3.1.2　评价标准

对于数据的评价一般具有如下标准:
(1) 精确性。描述数据是否与其对应的客观实体的特征一致。
(2) 完整性。描述数据是否存在缺失记录或缺失字段。
(3) 一致性。描述同一实体的同一属性的值在不同系统中是否一致。
(4) 有效性。描述数据是否满足用户定义的条件或在一定的域值范围内。
(5) 唯一性。描述数据是否存在重复记录。

3.2　清洗方法

3.2.1　缺失值

缺失值通常是指记录的缺失和记录中某个字段信息的缺失,一般以空白、NaN 或其他占位符编码,采用删除法和数据填充进行处理。
- 删除法。如果某个属性的缺失值过多,可以直接删除整个属性。
- 数据填充。使用一个全局变量填充缺失值,使用属性的平均值、中间值、最大值、最小值或更为复杂的概率统计函数值填充缺失值。

常用填充方法如表 3.1 所示。

表 3.1　常用填充方法

填 充 方 法	方 法 描 述
平均值/中位数	根据属性值的类型,用该属性取值的平均值/中位数填充
固定值	将缺失的属性值用一个常量替换
最近值	用最接近缺失值的属性值填补

Sklearn 中的 Imputer 类或 SimpleImputer 类用于处理缺失值。其中,Imputer 在 preprocessing 模块中,而 SimpleImputer 在 sklearn.impute 模块中。

Imputer 具体语法如下:

```
from sklearn.preprocessing import Imputer
imp=Imputer(missing_values="NaN", strategy="mean")
```

SimpleImputer 具体语法如下:

```
from sklearn.impute import SimpleImputer
imp=SimpleImputer(missing_values=np.nan, strategy="mean")
```

参数含义如下:

- missing_values＝np.nan:缺失值是 NaN。
- strategy＝"mean":用平均值、中位数等填充缺失值。

【例 3.1】　缺失值处理示例。

```
import pandas as pd
import numpy as np
# from sklearn.preprocessing import Imputer
from sklearn.impute import SimpleImputer
df=pd.DataFrame([["XXL", 8, "black", "class 1", 22],
["L", np.nan, "gray", "class 2", 20],
["XL", 10, "blue", "class 2", 19],
["M", np.nan, "orange", "class 1", 17],
["M", 11, "green", "class 3", np.nan],
["M", 7, "red", "class 1", 22]])
df.columns=["size", "price", "color", "class", "boh"]
print(df)
#1. 创建 Imputer
#imp=Imputer(missing_values="NaN", strategy="mean" )
imp=SimpleImputer(missing_values=np.nan, strategy="mean")
#2. 使用 fit_transform 函数完成缺失值填充
df["price"]=imp.fit_transform(df[["price"]])
print(df)
```

【程序运行结果】

```
    size  price   color   class   boh
0   XXL    8.0   black   class 1  22.0
1   L      NaN   gray    class 2  20.0
2   XL    10.0   blue    class 2  19.0
3   M      NaN   orange  class 1  17.0
4   M     11.0   green   class 3  NaN
5   M      7.0   red     class 1  22.0


    size  price   color   class   boh
0   XXL    8.0   black   class 1  22.0
1   L      9.0   gray    class 2  20.0
2   XL    10.0   blue    class 2  19.0
3   M      9.0   orange  class 1  17.0
4   M     11.0   green   class 3  NaN
5   M      7.0   red     class 1  22.0
```

3.2.2 异常值

异常值指录入错误以及不合常理的数据,一般采用箱形图和标准差两种办法进行识别,分别介绍如下。

1. 采用箱形图识别异常值

在箱形图中判别异常值的方法见 2.5.5 节。异常值用中位数填充。

```
import numpy as np                              #导入 NumPy 库
import pandas as pd                             #导入 Pandas 库
a=data["数量"].quantile(0.75)
b=data["数量"].quantile(0.25)
c=data["数量"]
c[(c>=(a-b)*1.5+a)|(c<=b-(a-b)*1.5)]=np.nan
c.fillna(c.median(),inplace=True)
print(c.describe())
```

2. 采用标准差识别异常值

当数据服从正态分布时,异常值被定义为一组测定值中与平均值的偏差超过 3 倍标准差的值。

```
import numpy as np                              #导入 NumPy 库
import pandas as pd                             #导入 Pandas 库
```

```
a=data["数量"].mean()+data["数量"].std() * 3
b=data["数量"].mean()-data["数量"].std() * 3
c=data["数量"]
c[(c>=a)|(c<=b)]=np.nan
c.fillna(c.median(),inplace=True)
print(c.describe())
```

常用异常值处理方法如表 3.2 所示。

表 3.2 常用异常值处理方法

方　　法	方　法　描　述
删除	直接删除含有异常值的记录
视为缺失值	利用缺失值处理方法填充
平均值修正	用前后两个观测值的平均值修正异常值

【例 3.2】 通过 z-score 法判断异常值示例。

```
import pandas as pd                              #导入 Pandas 库
import matplotlib.pyplot as plt
#构建包含异常值的矩阵
df=pd.DataFrame([[1,12],[120,17],[3,31],[5,53],[2,22],[12,32],[13,43]],
columns=['col1','col2'])
print("数据为:\n",df)                            #打印输出
#散点图
plt.scatter(df['col1'],df['col2'])
plt.show()
#通过 z-score 方法判断异常值,超过阈值为异常值
df_zscore=df.copy()                              #存储 z-score
cols=df.columns                                  #获得数据框的列名
for col in cols:                                 #循环读取每列
    df_col=df[col]                               #得到每列的值
    z_score=(df_col-df_col.mean())/df_col.std()  #计算每列的 z-score
    df_zscore[col]=z_score.abs() >2.2   #阈值为 2.2,大于该值为 True,否则为 False
print("异常值为:\n",df_zscore)                   #打印输出
df_drop_outlier=df[df_zscore['col1']==False]     #删除异常值所在的记录行
print("处理后的数据为:\n",df_drop_outlier)
```

【程序运行结果】

数据为:

```
   col1  col2
0    1    12
1  120    17
2    3    31
3    5    53
4    2    22
5   12    32
6   13    43
```

异常值为:
```
     col1   col2
0   False  False
1    True  False
2   False  False
3   False  False
4   False  False
5   False  False
6   False  False
```
处理后的数据为:
```
    col1  col2
0      1    12
2      3    31
3      5    53
4      2    22
5     12    32
6     13    43
```

程序运行结果如图 3.1 所示。

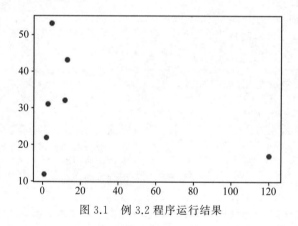

图 3.1 例 3.2 程序运行结果

3.2.3 重复值

重复值的存在会影响数据分析的准确性。目前消除重复值的基本思想是排序和合并。对数据进行排序后,比较邻近数据是否相似来检测数据是否重复。

消除重复数据的算法主要有优先队列算法、近邻排序法(sorted-neighborhood method)和多趟近邻排序法(multi-pass sorted-neighborhood method)。

3.2.4 Pandas 数据清洗函数

Pandas 提供了如下函数用于数据清洗和预处理:

- df.duplicated：判断各行是否重复，False 为非重复值。
- df.drop_duplicates：删除重复行。
- df.fillna(num)：用实数 num 填充缺失值。
- df.dropna：删除 DataFrame 数据中的缺失值，即删除 NaN 数据。其语法为

```
DataFrame.dropna(axis=0, how='any', thresh=None, subset=None, inplace=False)
```

参数说明如表 3.3 所示。

表 3.3　df.dropna 函数的参数说明

参　　数	说　　明
axis	0 为行，1 为列
how	any 表示删除带有 NaN 的行，all 表示删除全为 NaN 的行
thresh	取值为 int 型，保留至少指定个非 NaN 行
subset	取值为 list 型，在特定列处理缺失值
inplace	True 表示修改原文件，False 表示不修改原文件

- del df['col1']：直接删除某列。
- df.drop([]'col1',…],axis=1)：删除指定列，也可以删除指定行。
- df.rename(index={'row1': 'A'},columns ={'col1': 'B'})：重命名索引名和列名。
- df.replace()：替换 DataFrame，可以用字典表示，例如{'1': 'A','2': 'B'}。
- df[].map(function)：对指定列进行函数转换。map 是 Series 中的函数。
- pd.merge(df1,df2,on='col1',how='inner',sort=True)：合并两个 DataFrame，按照共有的列作内连接（交集），outer 为外连接（并集），对结果排序。
- df1.combine_first(df2)：用 df2 的数据补充 df1 的缺失值。

【例 3.3】　重复值处理示例。

```
import pandas as pd                          #导入 Pandas 库
#生成异常数据
data1, data2, data3, data4=['a', 3], ['b', 2], ['a', 3], ['c', 2]
df=pd.DataFrame([data1, data2, data3, data4], columns=['col1', 'col2'])
print("数据为:\n",df)                        #打印输出

isDuplicated=df.duplicated()                 #判断重复数据记录
print("重复值为:\n",isDuplicated)            #打印输出
print("删除数据记录中所有列值相同的记录:\n",df.drop_duplicates())
print("删除数据记录中 col1 值相同的记录:\n",df.drop_duplicates(['col1']))
print("删除数据记录中 col2 值相同的记录:\n",df.drop_duplicates(['col2']))
print("删除数据记录中指定列(col1/col2)值相同的记录:\n",df.drop_duplicates
(['col1', 'col2']))
```

【程序运行结果】

数据为：

```
     col1   col2
0      a      3
1      b      2
2      a      3
3      c      2
```

重复值为：

```
0  False
1  False
2   True
3  False
dtype: bool
```

删除数据记录中所有列值相同的记录：

```
     col1   col2
0      a      3
1      b      2
3      c      2
```

删除数据记录中 col1 值相同的记录：

```
     col1   col2
0      a      3
1      b      2
3      c      2
```

删除数据记录中 col2 值相同的记录：

```
     col1   col2
0      a      3
1      b      2
```

删除数据记录中指定列 (col1/col2) 值相同的记录：

```
     col1   col2
0      a      3
1      b      2
3      c      2
```

【例 3.4】 df.fillna(num) 示例。

```
from numpy import nan as NaN
import pandas as pd
df1=pd.DataFrame([[1,2,3],[NaN,NaN,2],[NaN,NaN,NaN],[8,8,NaN]])
print("df1:\n{}\n".format(df1))
df2=df1.fillna(100)
print("df2:\n{}\n".format(df2))
```

【程序运行结果】

df1:

```
       0     1     2
0    1.0   2.0   3.0
1    NaN   NaN   2.0
2    NaN   NaN   NaN
3    8.0   8.0   NaN
```

df2:

```
        0       1       2
0     1.0     2.0     3.0
1   100.0   100.0     2.0
2   100.0   100.0   100.0
3     8.0     8.0   100.0
```

【例 3.5】 df.dropna 示例。

```
from numpy import nan as NaN
import pandas as pd
df1=pd.DataFrame([[1,2,3],[NaN,NaN,2],[NaN,NaN,NaN],[8,8,NaN]])
print("df1:\n{}\n".format(df1))
df2=df1.dropna()
print("df2:\n{}\n".format(df2))
```

【程序运行结果】

df1:

```
       0     1     2
0    1.0   2.0   3.0
1    NaN   NaN   2.0
2    NaN   NaN   NaN
3    8.0   8.0   NaN
```

df2:

```
       0     1     2
0    1.0   2.0   3.0
```

【例 3.6】 df.replace 示例。

```
import pandas as pd
#创建数据集
df=pd.DataFrame(
        { '名称':['产品 1','产品 2','产品 3','产品 4','产品 5','产品 6','产品 7',
        '产品 8'],
        '数量':['A','0.7','0.8','0.4','0.7','B','0.76','0.28'],
        '金额':['0','0.48','0.33','C','0.74','0','0','0.22'],
        '合计':['D','0.37','0.28','E','0.57','F','0','0.06'], }
        )
#原 DataFrame 并没有改变,改变的只是一个副本
```

```
print("df:\n{}\n".format(df))
df1=df.replace('A', 0.1)
print("df1:\n{}\n".format(df1))
#只需要替换某个数据的部分内容
df2=df['名称'].str.replace('产品', 'product')
print("df2:\n{}\n".format(df2))
#如果要改变原数据,应添加常用参数 inplace=True,用于替换部分区域
df['合计'].replace({'D':0.11111, 'F':0.22222}, inplace=True)
print("df:\n{}\n".format(df))
```

【程序运行结果】

```
df:
     合计    名称   数量   金额
0     D   产品1     A     0
1  0.37   产品2   0.7  0.48
2  0.28   产品3   0.8  0.33
3     E   产品4   0.4     C
4  0.57   产品5   0.7  0.74
5     F   产品6     B     0
6     0   产品7  0.76     0
7  0.06   产品8  0.28  0.22


df1:
     合计    名称   数量   金额
0     D   产品1   0.1     0
1  0.37   产品2   0.7  0.48
2  0.28   产品3   0.8  0.33
3     E   产品4   0.4     C
4  0.57   产品5   0.7  0.74
5     F   产品6     B     0
6     0   产品7  0.76     0
7  0.06   产品8  0.28  0.22


df2:
0  product1
1  product2
2  product3
3  product4
4  product5
5  product6
6  product7
7  product8
Name: 名称, dtype: object
```

df:

	合计	名称	数量	金额
0	0.11111	产品 1	A	0
1	0.37	产品 2	0.7	0.48
2	0.28	产品 3	0.8	0.33
3	E	产品 4	0.4	C
4	0.57	产品 5	0.7	0.74
5	0.22222	产品 6	B	0
6	0	产品 7	0.76	0
7	0.06	产品 8	0.28	0.22

【例 3.7】 df[].map 示例。

```
import pandas as pd
import numpy as np
df=pd.DataFrame({'key1' : ['a', 'a', 'b', 'b', 'a'],
                 'key2' : ['one', 'two', 'one', 'two', 'one'],
                 'data1' : np.arange(5),
                 'data2' : np.arange(5,10)})
print("df:\n{}\n".format(df))
df['data1']=df['data1'].map(lambda x : "%.3f"%x)
print("df:\n{}\n".format(df))
```

【程序运行结果】

df:

	data1	data2	key1	key2
0	0	5	a	one
1	1	6	a	two
2	2	7	b	one
3	3	8	b	two
4	4	9	a	one

df:

	data1	data2	key1	key2
0	0.000	5	a	one
1	1.000	6	a	two
2	2.000	7	b	one
3	3.000	8	b	two
4	4.000	9	a	one

【例 3.8】 pd.merge(df1,df2)示例。

```
import pandas as pd
left=pd.DataFrame({'key': ['K0', 'K1', 'K2', 'K3'],
                   'A': ['A0', 'A1', 'A2', 'A3'],
                   'B': ['B0', 'B1', 'B2', 'B3']})
```

```
right=pd.DataFrame({'key': ['K0', 'K1', 'K2', 'K3'],
                    'C': ['C0', 'C1', 'C2', 'C3'],
                    'D': ['D0', 'D1', 'D2', 'D3']})
result=pd.merge(left, right, on='key')
#on 参数传递的 key 作为连接键
print("left:\n{}\n".format(left))
print("right:\n{}\n".format(right))
print("merge:\n{}\n".format(result))
```

【程序运行结果】

```
left:
    A    B   key
0  A0   B0   K0
1  A1   B1   K1
2  A2   B2   K2
3  A3   B3   K3


right:
    C    D   key
0  C0   D0   K0
1  C1   D1   K1
2  C2   D2   K2
3  C3   D3   K3


merge:
    A    B   key   C    D
0  A0   B0   K0   C0   D0
1  A1   B1   K1   C1   D1
2  A2   B2   K2   C2   D2
3  A3   B3   K3   C3   D3
```

【例 3.9】 df1.combine_first(df2)示例。

```
from numpy import nan as NaN
import numpy as np
import pandas as pd
a=pd.Series([np.nan,2.5,np.nan,3.5,4.5,np.nan],index=['f','e','d','c','b',
'a'])
b=pd.Series([1,np.nan,3,4,5,np.nan],index=['f','e','d','c','b','a'])
print(a)
print(b)
c=b.combine_first(a)
print(c)
```

【程序运行结果】

```
f  NaN
e  2.5
d  NaN
c  3.5
b  4.5
a  NaN
dtype: float64
f  1.0
e  NaN
d  3.0
c  4.0
b  5.0
a  NaN
dtype: float64
f  1.0
e  2.5
d  3.0
c  4.0
b  5.0
a  NaN
dtype: float64
```

3.3　特征预处理

有一句话在业界广泛流传："数据和特征决定了机器学习的上限，而模型和算法只是逼近这个上限而已。"这里的数据是指经过特征预处理后的数据。特征预处理就是对数据进行集成、转换、规约等一系列处理，使之适合算法模型的过程。

Sklearn 提供了 preprocessing 模块，用于进行归一化、标准化、鲁棒化、正则化等数据预处理。preprocessing 模块常用方法如表 3.4 所示。

表 3.4　preprocessing 模块常用方法

方 法 名	方 法 含 义
preprocessing. MinMaxScaler	归一化
preprocessing. StandardScaler	标准化
preprocessing. RobustScaler	鲁棒化
preprocessing.normalize	正则化

3.3.1 归一化

归一化又称为区间缩放法,是数据处理的必要工作。由于不同评价指标往往具有不同的量纲,数值差别较大,从而影响数据分析的结果。为了让特征具有同等重要性,可以采用归一化(MinMaxScaler)将不同规格的数据转换到同一个规格。归一化利用边界值信息将特征的取值区间缩放到某个特点的范围,例如[0,1]等。

归一化计算公式如下:

$$X' = \frac{x - \min}{\max - \min}$$

$$X'' = X'(\mathrm{mx} - \mathrm{mi}) + \mathrm{mi}$$

参数解释如下:

- max:最大值。
- min:最小值。
- mx,mi:用于指定区间,默认 mx 为 1,mi 为 0。

归一化将原始数据通过线性变换缩放到[0,1]。由于异常值往往是最大值或最小值,所以归一化的鲁棒性较差。

Sklearn 提供了 MinMaxScaler 方法进行归一化,具体语法如下:

```
MinMaxScaler(feature_range=(0,1))
```

参数 feature_range=(0,1)将范围设置为 0~1。

【例 3.10】 归一化示例。

现有 3 个样本,每个样本有 4 个特征,如表 3.5 所示。

表 3.5　样本特征

特征 1	特征 2	特征 3	特征 4
90	2	10	40
60	4	15	45
75	3	13	46

```
from sklearn.preprocessing import MinMaxScaler
def Normalization():                                    #实例化一个转换器类
    Normalization=MinMaxScaler(feature_range=(0,1))     #范围设置为 0~1
    data=[[90,2,10,40],[60,4,15,45],[75,3,13,46]]
    print(data)
    #调用 fit_transform
    data_Normal=Normalization.fit_transform(data)
    print(data_Normal)
    return None
if __name__=='__main__':
```

```
Normalization()
```

【程序运行结果】

```
[[90, 2, 10, 40], [60, 4, 15, 45], [75, 3, 13, 46]]
[[1.          0.          0.          0.         ]
 [0.          1.          1.          0.83333333 ]
 [0.5         0.5         0.6         1.         ]]
```

3.3.2 标准化

标准化(standardization)用于解决归一化容易受到样本中最大值或者最小值等异常值的影响的问题,将数据按比例缩放到特定区间。

标准差公式如下:

$$\sigma = \sqrt{\frac{1}{n}\sum_{i=1}^{N}(x_i - \mu)^2}$$

z-score 标准化转换公式如下:

$$z = \frac{x - \mu}{\sigma}$$

标准化的前提是特征值服从正态分布。进行标准化后,数据聚集在 0 附近,方差为 1,有利于模型的训练。Sklearn 提供了 StandardScaler 方法实现标准化,具体语法如下:

```
StandardScaler(copy, with_mean)
```

参数含义如下:

- copy:取值为 True 或 False。在用归一化的值替代原来的值时设置为 False。
- with_mean:取值为 True 或 False。在处理稀疏矩阵时设置为 False。

【例 3.11】 标准化示例。

```
from sklearn.preprocessing import StandardScaler
def Standardization():
    '''标准化函数'''
    std=StandardScaler()
    data=[[1.,-1.,3.],[2.,4.,2.],[4.,6.,-1.]]
    print(data)
    data_Standard=std.fit_transform(data)
    print(data_Standard)
    return None
if __name__=='__main__':
Standardization()
```

【程序运行结果】

```
[[1.0, -1.0, 3.0], [2.0, 4.0, 2.0], [4.0, 6.0, -1.0]]
```

```
[[-1.06904497  -1.35873244    0.98058068]
 [-0.26726124   0.33968311    0.39223227]
 [ 1.33630621   1.01904933  -1.37281295]]
```

3.3.3 鲁棒化

当数据包含许多异常值时,使用平均值和方差缩放均不能取得较好效果,可以使用鲁棒性缩放(RobustScaler)方法进行处理。

preprocessing 模块的 RobustScaler 方法使用中位数和四分位数进行数据转换,直接将异常值剔除,具体语法如下:

```
RobustScaler(quantile_range, with_centering, with_scaling)
```

参数含义如下:
- with_centering:布尔值,默认值为 True,表示在缩放之前将数据居中。
- with_scaling:布尔值,默认值为 True,表示将数据缩放到四分位数范围。
- quantile_range:元组,默认值为(25.0,75.0),即 IQR,表示用于计算 scale_ 的分位数范围。

【例 3.12】 鲁棒化示例。

```
from sklearn.preprocessing import RobustScaler
X=[[ 1.,-2.,  2.],[-2.,  1.,  3.],[ 4.,  1.,-2.]]
transformer=RobustScaler().fit(X)
RobustScaler(quantile_range=(25.0,75.0),with_centering=True,with_scaling=
True)
print(transformer.transform(X))
```

【程序运行结果】

```
[[ 0. -2.   0. ]
 [-1.  0.   0.4]
 [ 1.  0.  -1.6]]
```

3.3.4 正则化

正则化(normalization)是将每个样本缩放到单位范式,使数据分布在一个半径为 1 的圆或者球内。preprocessing 模块提供了 normalize 方法以实现正则化,具体语法如下:

```
normalize(X, norm='l2')
```

参数含义如下:
- X:样本数据。
- norm='l2':L2 范式。

【例 3.13】 正则化示例。

```
from sklearn.preprocessing import normalize
X=[[ 1., -1.,  2.],[ 2.,  0.,  0.],[ 0.,  1., -1.]]
X_normalized=normalize(X, norm='l2')
print(X_normalized)
```

【程序运行结果】

```
[[ 0.40824829 -0.40824829   0.81649658]
 [ 1.          0.           0.        ]
 [ 0.          0.70710678  -0.70710678]]
```

3.3.5 学生数据清洗示例

【例 3.14】 学生数据清洗示例。
初始化并显示数据:

```
import pandas as pd
import numpy as np
from collections import Counter
from sklearn import preprocessing
from matplotlib import pyplot as plt
import seaborn as sns
plt.rcParams['font.sans-serif']=['SimHei']      #中文字体设置为黑体
plt.rcParams['axes.unicode_minus']=False        #解决保存图像时负号显示为方块的问题
sns.set(font='SimHei')                          #解决 Seaborn 中文显示问题
data=pd.read_excel("d:/dummy.xls")              #在 D 盘根目录下创建 dummy.xls 文件
print(data)
```

【程序运行结果】

```
    姓名  学历     成绩      能力    学校
0   小红  博士    90.0   100.0    同济
1   小黄  硕士    90.0    89.0    交大
2   小绿  本科    80.0    98.0    同济
3   小白  硕士    90.0    99.0    复旦
4   小紫  博士   100.0    78.0    同济
5   小城  本科    80.0    98.0    交大
6   校的  NaN    NaN     NaN     NaN
```

显示序列的前 n 行(默认值):

```
print("data head:\n",data.head())
```

【程序运行结果】

```
data head:
    姓名   学历    成绩     能力   学校
0   小红   博士    90.0   100.0  同济
1   小黄   硕士    90.0    89.0  交大
2   小绿   本科    80.0    98.0  同济
3   小白   硕士    90.0    99.0  复旦
4   小紫   博士   100.0    78.0  同济
```

查看数据的行列大小：

```
print("data shape:\n",data.shape)
```

【程序运行结果】

```
data shape:
(7, 5)
```

显示指定列的数据描述属性值：

```
print("data descibe:\n",data.describe())
```

【程序运行结果】

```
data descibe:
             成绩          能力
count    6.000000    6.000000
mean    88.333333   93.666667
std      7.527727    8.640988
min     80.000000   78.000000
25%     82.500000   91.250000
50%     90.000000   98.000000
75%     90.000000   98.750000
max    100.000000  100.000000
```

进行列级别的判断，只要某一列有 NaN 或值为空，则为真：

```
data.isnull().any()
```

将列中为 NaN 或值为空的个数统计出来，并将缺失值最多的排在前面：

```
total=data.isnull().sum().sort_values(ascending=False)
print("total:\n",total)
```

【程序运行结果】

```
total:
学校    1
能力    1
成绩    1
```

```
学历      1
姓名      0
```

输出百分比：

```
percent=(data.isnull().sum()/data.isnull().count()).sort_values(ascending=
False)
missing_data=pd.concat([total, percent], axis=1, keys=['Total', 'Percent'])
missing_data.head(20)
```

导入 missingno 并删除缺失值：

```
import missingno                           #missingno用于可视化缺失值
missingno.matrix(data)
data=data.dropna(thresh=data.shape[0] * 0.5,axis=1)
    #将至少有一半以上是非空的列筛选出来
    #如果某一行都是 NaN 才删除,默认只保留没有空值的行
data.dropna(axis=0,how='all')
print(data)
```

统计重复记录数：

```
data.duplicated().sum()
data.drop_duplicates()
data.columns                               #对数据中的连续型字段和离散型字段进行归类
id_col=['姓名']
cat_col=['学历','学校']                      #离散型无序
cont_col=['成绩','能力']                      #数值型
print (data[cat_col])                      #离散型数据部分
print (data[cont_col])                     #连续型数据部分
```

计算出现的频次：

```
for i in cat_col:
    print(pd.Series(data[i]).value_counts())
    plt.plot(data[i])
```

对于离散型数据,对其获取哑变量：

```
dummies=pd.get_dummies(data[cat_col])
print("哑变量:\n",dummies)
```

【程序运行结果】

哑变量：

	学历_博士	学历_本科	学历_硕士	学校_交大	学校_同济	学校_复旦
0	1	0	0	0	1	0
1	0	0	1	1	0	0
2	0	1	0	0	1	0
3	0	0	1	0	0	1
4	1	0	0	0	1	0

5	0	1	0	1	0	0
6	0	0	0	0	0	0

对连续型数据进行统计：

```
data[cont_col].describe()
```

对连续型数据，将偏度大于 0.75 的数值用取对数的方法进行转换，使之符合正态分布：

```
skewed_feats=data[cont_col].apply(lambda x: (x.dropna()).skew())   #计算偏度
skewed_feats=skewed_feats[skewed_feats>0.75]
skewed_feats=skewed_feats.index
data[skewed_feats]=np.log1p(data[skewed_feats])
#print(skewed_feats)
```

对连续型数据进行标准化：

```
scaled=preprocessing.scale(data[cont_col])
scaled=pd.DataFrame(scaled,columns=cont_col)
print(scaled)
m=dummies.join(scaled)
data_cleaned=data[id_col].join(m)
print("标准化:\n",data_cleaned)
```

【程序运行结果】

标准化:

	姓名	学历_博士	学历_本科	学历_硕士	学校_交大	学校_同济	学校_复旦	成绩	能力
0	小红	1	0	0	0	1	0	0.242536	0.802897
1	小黄	0	0	1	1	0	0	0.242536	-0.591608
2	小绿	0	1	0	0	1	0	-1.212678	0.549350
3	小白	0	0	1	0	0	1	0.242536	0.676123
4	小紫	1	0	0	0	1	0	1.697749	-1.986112
5	小城	0	1	0	1	0	0	-1.212678	0.549350
6	校的	0	0	0	0	0	0	NaN	NaN

显示变量之间的相关性：

```
print("变量之间的相关性:\n",data_cleaned.corr())
```

【程序运行结果】

变量之间的相关性:

	学历_博士	学历_本科	学历_硕士	学校_交大	学校_同济	学校_复旦
学历_博士	1.000000	-0.400000	-0.400000	-0.400000	0.730297	-0.258199
学历_本科	-0.400000	1.000000	-0.400000	0.300000	0.091287	-0.258199
学历_硕士	-0.400000	-0.400000	1.000000	0.300000	-0.547723	0.645497
学校_交大	-0.400000	0.300000	0.300000	1.000000	-0.547723	-0.258199
学校_同济	0.730297	0.091287	-0.547723	-0.547723	1.000000	-0.353553
学校_复旦	-0.258199	-0.258199	0.645497	-0.258199	-0.353553	1.000000
成绩	0.685994	-0.857493	0.171499	-0.342997	0.242536	0.108465
能力	-0.418330	0.388449	0.029881	-0.014940	-0.211289	0.302372

```
        成绩          能力
   0.685994   -0.418330
  -0.857493    0.388449
   0.171499    0.029881
  -0.342997   -0.014940
   0.242536   -0.211289
   0.108465    0.302372
   1.000000   -0.748177
  -0.748177    1.000000
```

绘制相关性的热力图：

```python
def corr_heat(df):
    dfData=abs(df.corr())
    plt.subplots(figsize=(9, 9))          #设置画面大小
    sns.heatmap(dfData, annot=True, vmax=1, square=True, cmap="Blues")
    #plt.savefig('./BluesStateRelation.png')
    plt.show()
corr_heat(data_cleaned)
```

程序运行结果如图 3.2 所示。

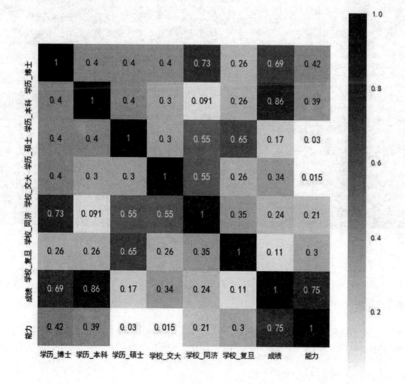

图 3.2　相关性的热力图

3.4　missingno

3.4.1　missingno 简介

missingno 是一个实现缺失数据可视化的工具,可以快速、直观地展示数据集的完整性。missingno 使用如下命令安装:

```
pip install missingno
```

安装 missingno 过程中的显示如图 3.3 所示。

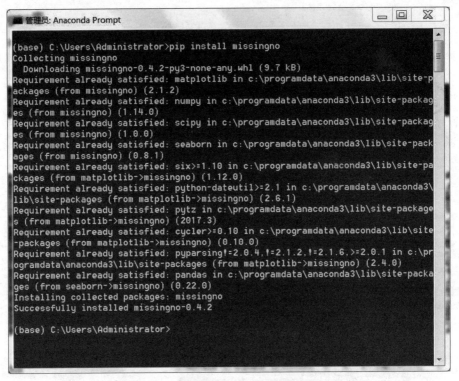

图 3.3　安装 missingno 过程中的显示

3.4.2　图示功能

加载 missingno 的命令如下:

```
import missingno as msno
```

missingno 具有如下图示功能:

(1) 矩阵的数据密集显示。

方法如下:

```
msno.matrix(data, labels=True)
```

矩阵的数据密集显示示例如图 3.4 所示。查看每个变量的缺失情况可知,变量 y 和 x9 数据完整,其他变量都有不同程度的数据缺失,尤其是 x3、x5、x7 等变量的数据缺失非常严重。

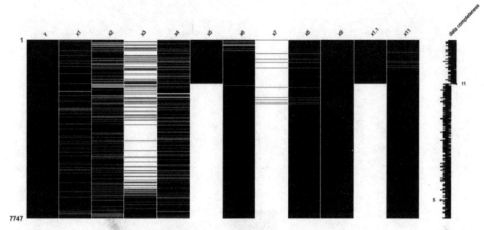

图 3.4　矩阵的数据密集显示示例

（2）列的简单可视化。

利用条形图可以更直观地看出每个变量缺失的比例和数量情况,方法如下:

```
msno.bar(data)
```

列的简单可视化示例如图 3.5 所示。

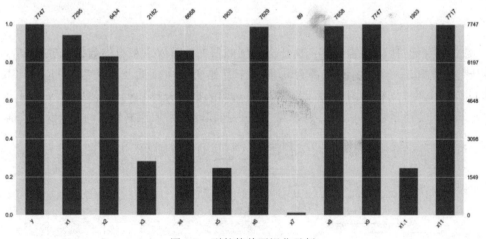

图 3.5　列的简单可视化示例

（3）相关性热图显示。

相关性热图显示用于说明变量的完整性之间的相关性,方法如下:

```
msno.heatmap(data)
```

相关性热图示例如图 3.6 所示。x5 与 x1.1 的相关性为 1，说明 x5 与 x1.1 正相关，即只要 x5 发生缺失，x1.1 必然会缺失；x7 和 x8 的相关性为−1，说明 x7 和 x8 负相关，即，x7 缺失时 x8 不缺失，x7 不缺失时 x8 缺失。

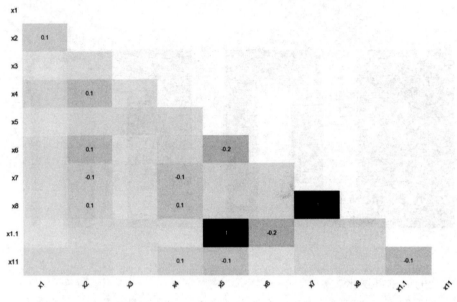

图 3.6　相关性热图示例

（4）树形图显示。

树形图使用层次聚类算法生成，方法如下：

```
msno.dendrogram(data)
```

数据越完整，距离越接近零。树形图示例如图 3.7 所示。左边的数据比较完整，y 和 x9 是完整数据，没有缺失值，距离为 0；相对于其他变量，x11 也比较完整，距离要比其他变量小，将其添加到树形图中，以此类推。右边的数据缺失比较严重，热图相关性得出 x5 和 x1.1 的相关性系数为 1，距离为 0，聚类在一起；其后，添加距离较近的 x7，以此类推。

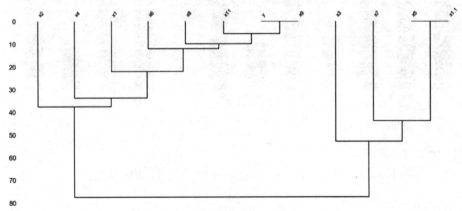

图 3.7　树形图示例

3.4.3 数据可视化示例

【例 3.15】 missingno 应用示例。

Sklearn 中的 make_classification 模块用于生成数据集,增加随机 NaN 值。数据生成代码如下:

```python
import warnings
import numpy as np
import pandas as pd
from sklearn.datasets import make_classification
import missingno as msno
import matplotlib.pyplot as plt
from itertools import product
warnings.filterwarnings('ignore')
#自定义数据集,并随机产生 2000 个 NaN 值,分布在各个特征中
def getData():
    X1, y1=make_classification(n_samples=1000, n_features=10, n_classes=2,
        n_clusters_per_class=1, random_state=0)
    for i, j in product(range(X1.shape[0]), range(X1.shape[1])):
        if np.random.random()>=0.8:
            xloc=np.random.randint(0, 10)
            X1[i, xloc]=np.nan
    return X1, y1
X, y=getData()
#存入 Pandas 中
df=pd.DataFrame(x, columns=['x%s'%str(i) for i in range(x.shape[1])])
df['label']=y
msno.matrix(df)
plt.show()
```

程序运行结果如图 3.8 所示。

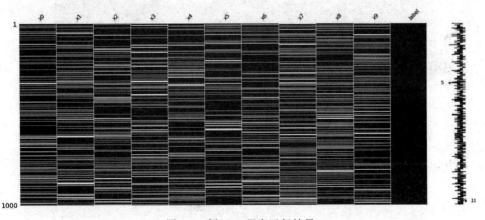

图 3.8 例 3.15 程序运行结果

3.5 wordcloud

3.5.1 wordcloud 简介

wordcloud 是 Python 的第三方库,称为词云,也称文字云,可以根据文本中的词频以直观和艺术化的形式展示文本中词语的重要性。

wordcloud 依赖于 pillow 与 NumPy,安装命令如下:

```
pip install pillow
pip install wordcloud
```

wordcloud 安装过程中的显示如图 3.9 所示。

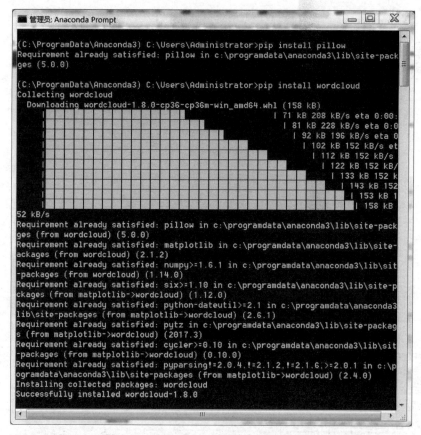

图 3.9　wordcloud 安装过程中的显示

3.5.2 wordcloud 示例

wordcloud 以词语为基本单位,根据文本中词语出现的频率等参数绘制词云,并且词云的形状、尺寸和颜色都可以设定。wordcloud 绘制词云的步骤如下：

（1）配置对象参数。

（2）加载词云文本。

（3）输出词云文件。

wordcloud 的常用方法如表 3.6 所示。

表 3.6　wordcloud 的常用方法

方　　法	描　　述
w＝wordcloud.WordCloud(＜参数＞)	配置对象参数
w.generate(txt)	向 WordCloud 对象 w 中加载文本
w.to_file(filename)	将词云输出为图像文件(png 或 jpg 格式)

【例 3.16】　wordcloud 示例。

```
from wordcloud import WordCloud
text="dog cat fish cat cat cat cat cat cat dog dog dog"
wc=WordCloud()
wc.generate(text)
wc.to_file("d:/2.png")
```

wordcloud 从给定的文本中以空格作为分隔符读取单词，出现次数越多的单词在生成的词云中越大。程序运行结果如图 3.10 所示。

图 3.10　例 3.16 程序运行结果

wordcloud 提供了大量参数以控制词云的生成效果，如表 3.7 所示。

表 3.7　wordcloud 的参数

参　　数	示　　例	说　　明
background_color	background_color＝'white'	指定背景色，可以使用十六进制颜色值
width	width＝600	指定图像宽度，默认为 400 像素
height	height＝400	指定图像高度，默认为 200 像素
margin	margin＝20	指定词与词之间的边距，默认为 2 像素
scale	scale＝0.5	指定缩放比例，用于对图像整体进行缩放，默认为 1

续表

参　　数	示　　例	说　　明
prefer_horizontal	prefer_horizontal＝0.9	指定词在水平方向上出现的频率,默认为 0.9
stopwords	stopwords＝set('dog')	设置要过滤的词,以字符串或者集合作为接收参数。如不设置该参数,将使用默认的停用词库
relative_scaling	relative_scaling＝1	指定词频与字体大小的关联性,值越小,变化越明显,默认为 5

第 4 章　数据划分与特征提取

机器学习需要利用大量的数据训练模型。本章介绍数据划分和特征提取。在特征提取部分重点介绍独热编码,并介绍字典特征提取和文本特征提取。最后介绍中文分词,包括 jieba 分词库和停用词表等内容。

4.1　数据划分

在机器学习中,通常将数据集划分为训练集和测试集。训练集用于训练数据,生成机器学习模型;测试集用于评估学习模型的泛化性能和有效程度。

数据划分一般有留出法、交叉验证法和自助法。

4.1.1　留出法

留出法(hold-out)是将已知数据集分成两个互斥的部分:一部分用来训练模型;另一部分用来测试模型,评估其误差。留出法的稳定性较差,通常会进行若干次随机划分,重复进行评估,取平均值作为评估结果。

留出法具有如下优点:
- 实现简单、方便,在一定程度上能评估泛化误差。
- 训练集和测试集分开,缓解了过拟合问题。

留出法具有如下缺点:
- 数据都只被使用了一次,没有得到充分利用。
- 在测试集上计算出来的最后的评估指标与原始分组有很大关系。

一般情况下,数据划分的大致比例是:训练集占 70%~80%,测试集占 20%~30%。测试数据不参与训练,只用于评估模型与数据的匹配程度。

train_test_split 函数随机从样本中按比例选取训练数据和测试数据,语法形式为

```
x_train, x_test, y_train, y_test=
sklearn.model_selection.train_test_split(train_data,train_target, test_size,
random_state)
```

train_test_split 函数的参数如表 4.1 所示。

表 4.1　train_test_split 函数的参数

参　　数	含　　义
train_data	待划分的样本数据
train_target	待划分样本数据的结果(标签)

参　数	含　义
test_size	测试数据占样本数据的比例。若为整数,则表示样本数量。若 test_size＝0.3,表示将样本数据的 30％作为测试数据,记入 x_test;其余 70％数据记入 x_train
random_state	设置随机数种子,保证每次都是同一个随机数。若为 0 或不填,每次生成随机数都不同
x_train	划分出的训练集数据(特征值)
x_test	划分出的测试集数据(特征值)
y_train	划分出的训练集标签(目标值)
y_test	划分出的测试集标签(目标值)

【例 4.1】 数据划分示例。

```
from sklearn.datasets import load_iris
from sklearn.model_selection import train_test_split
#获取鸢尾花数据集
iris=load_iris()
#test_size默认取值为25%,test_size取值为 0.2,随机种子为 22
x_train, x_test, y_train, y_test=train_test_split(iris.data, iris.target, test
_size=0.2, random_state=22)
print("训练集的特征值:\n",x_train,x_train.shape)
```

【程序运行结果】

```
训练集的特征值:
(120, 4)
```

【程序运行结果分析】

样本数为 120,这是因为 test_size 取值为 0.2,$150×(1-0.2)=120$。

4.1.2　交叉验证法

根据数据集大小的不同和数据类别不同,交叉验证法分为如下 3 种。

(1) 留一交叉验证法。

当数据集较小时,采用留一交叉验证法。留一交叉验证法是指数据集划分数量等同于样本量,这样每次只有一个样本用于测试。留一交叉验证法是 k 折交叉验证法的特殊形式,较为简单,随机采样一定比例作为训练集,剩下的作为测试集使用。

(2) k 折交叉验证法。

当数据集较大时,采用 k 折交叉验证法。k 折是指对数据集进行 k 次划分,使得所有数据在训练集和测试集中都出现,但每次划分不会重叠,相当于无放回抽样。

k 折交叉验证法使用 KFold 函数,语法如下:

```
KFold(n_splits, shuffle, random_state)
```

参数说明如下：

- n_splits：表示划分为几等份(至少是2)。
- shuffle：表示是否进行洗牌，即是否打乱划分。默认为 False，即不打乱。
- random_state：随机种子数。

当采用 k 折交叉验证法时，需要使用以下两个方法：

- get_n_splits([X, y, groups])：获取参数 n_splits 的值。
- split(X[,Y,groups])：将数据集划分成训练集和测试集，返回索引生成器。

【例4.2】 KFold 示例。

```
import numpy as np
from sklearn.model_selection import KFold
X=np.array([[1, 2], [3, 4], [1, 2], [3, 4]])
kf=KFold(n_splits=2)
print(kf.get_n_splits(X))
for train_index, test_index in kf.split(X):
    print("TRAIN:", train_index, "TEST:", test_index)
```

【程序运行结果】

```
2
TRAIN: [2 3] TEST: [0 1]
TRAIN: [0 1] TEST: [2 3]
```

(3) 分层交叉验证法。

在构建模型时，调参是极为重要的步骤，只有选择最佳的参数，才能构建最优的模型。Sklearn 提供了 cross_val_score 函数——以实现调参，将数据集划分为 k 个大小接近的互斥子集，然后每次用 $k-1$ 个子集的并集作为训练集，将余下的子集作为测试集，如此反复进行 k 次训练和测试，返回 k 个测试结果的平均值。例如，10 次 10 折交叉验证法是将数据集分成 10 份，轮流将其中 9 份作为训练数据，将剩余 1 份作为测试数据，这样迭代 10 次。通过传入的模型训练 10 次，最终对 10 次结果求平均值，如图 4.1 所示。

cross_val_score 函数的语法形式如下：

```
cross_val_score(estimator,train_x,train_y,cv=10)
```

参数说明如下：

- estimator：需要使用交叉验证的算法。
- train_x：输入样本数据。
- train_y：样本标签。
- cv：进行 10 次训练。

交叉验证法有以下优点：

(1) 将交叉验证用于评估模型的预测性能，尤其是训练好的模型在新数据上的表现，可以在一定程度上减小过拟合。

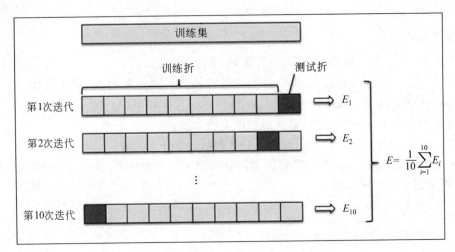

图 4.1　交叉验证法示意图

（2）可以从有限的数据中获取尽可能多的有效信息。

通过在迭代中不断改变参数，再利用 cross_val_score 函数评估不同参数值下的模型能力，最终选择最优的模型。

【例 4.3】　交叉验证示例。

```
from sklearn import datasets
from sklearn.model_selection import train_test_split,cross_val_score
                                                #划分数据,进行交叉验证
from sklearn.neighbors import KNeighborsClassifier
import matplotlib.pyplot as plt
iris=datasets.load_iris()                       #加载 iris 数据集
X=iris.data
y=iris.target                                   #这是每个数据所对应的标签
train_X,test_X,train_y,test_y=train_test_split(X,y,test_size=1/3,
    random_state=3)
#以 1/3 的比例划分训练集的训练结果和测试集的测试结果
k_range=range(1,31)
cv_scores=[]                                    #用来存放每个模型的结果值
for n in k_range:
    knn=KNeighborsClassifier(n)
    scores=cross_val_score(knn,train_X,train_y,cv=10)
    cv_scores.append(scores.mean())
plt.plot(k_range,cv_scores)
plt.xlabel('k')
plt.ylabel('Accuracy')                          #通过图像选择最好的参数
plt.show()
best_knn=KNeighborsClassifier(n_neighbors=3)    #选择最优的 k=3 传入模型
best_knn.fit(train_X,train_y)                   #训练模型
```

```
print("score:\n",best_knn.score(test_X,test_y))        #查看评分
```

【程序运行结果】

```
score:
 0.94
```

程序运行结果如图 4.2 所示。

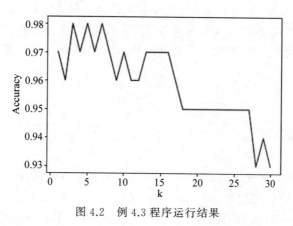

图 4.2　例 4.3 程序运行结果

4.1.3　自助法

自助法(bootstrapping)是一种产生样本的抽样方法,其实质是有放回的随机抽样。自助法从数据集中随机抽取记录用于测试集,然后将其再放回原数据集,继续下一次随机抽样,直到测试集中的数据条数满足要求为止。

与 KFold 函数相比,ShuffleSplit 函数是有放回的抽样,其语法如下:

```
ShuffleSplit(n_split, test_size, train_size, random_state)
```

参数说明如下:

- n_splits:表示划分为几块(至少是 2)。
- test_size:测试集比例或样本数量。
- train_size:训练集比例或样本数量。
- random_state:随机种子数,默认为 None。

【例 4.4】 ShuffleSplit 示例。

```
import numpy as np
from sklearn.model_selection import ShuffleSplit
x=np.arange(5)
ss=ShuffleSplit(n_splits=3, test_size=.25, random_state=0)
for train_index, test_index in ss.split(x):
    print("TRAIN:", train_index, "TEST:", test_index)
```

【程序运行结果】

```
TRAIN: [1 3 4] TEST: [2 0]
TRAIN: [1 4 3] TEST: [0 2]
TRAIN: [4 0 2] TEST: [1 3]
```

数据划分方法的选择原则如下：

- 当数据集较大时，通常采用留出法或者 k 折交叉验证法。
- 当数据集较小且难以有效划分训练集和测试集时，采用自助法。
- 当数据集较小且可以有效划分训练集和测试集时，采用留一交叉验证法。

4.2 独热编码

4.2.1 独热编码简介

机器学习算法往往无法直接处理文本数据，需要把文本数据转换为数值型数据，独热编码就是一种解决方法。独热(one-hot)编码又称为一位有效编码。独热编码将文本中的单词编号，构建字典结构的词汇表。其中，key 是单词，value 是单词的索引。词汇表有 n 个单词，构成 n 个词向量。例如，某个单词在词汇序列中的位置为 k，对应的词向量的第 k 个位置为 1，其他位置都为 0。独热编码保证了每一个取值只会使得一种状态处于激活态，也就是说多种状态中只有一个状态位为 1，其他状态位都是 0。

独热编码具有操作简单、容易理解的优势。但是，独热编码完全割裂了词与词之间的联系；而且当数据量较大时，每个向量的长度过大，会占据大量内存。

4.2.2 独热编码示例

【例 4.5】 独热编码示例。

独热编码的步骤如下：

(1) 确定要编码的对象。例如，["中国"，"美国"，"日本"，"美国"]。

(2) 确定分类变量。例如，中国、美国、日本共 3 个类别。

(3) 特征的整数编码。例如，中国为 0，美国为 1，日本为 2。

独热编码示例如图 4.3 所示。

图 4.3 独热编码示例

["中国"，"美国"，"日本"，"美国"] 的独热编码为[[1,0,0]，[0,1,0]，[0,0,1]，

$[0,1,0]]$。

【例4.6】 对"helloworld"进行独热编码。

步骤1：确定要编码的对象——"hello world"。

步骤2：确定分类变量。'h'、'e'、'l'、'l'、'o'、空格、'w'、'o'、'r'、'l'、'd'共27种类别(26个小写字母和空格)。

步骤3：设共有11个样本，每个样本有27个特征，将其转换为二进制向量。由于特征排列的顺序不同，对应的二进制向量也不同。例如，空格放在第一列和a放在第一列，对应的独热编码肯定不同。因此，必须事先约定特征排列顺序。不妨约定排列顺序如下：

(1) 27种特征整数编码：'a'为0、'b'为1……'z'为25，空格为26。

(2) 27种特征按照整数编码由小到大的顺序排列。

独热编码示例如图4.4所示。

	a	b	c	d	e	f	g	h	i	j	k	l	m	n	o	p	q	r	s	t	u	v	w	x	y	z	空
h	0	0	0	0	0	0	0	1	0	0	0	0	0	0	0	0	0	0	0	0	0	0	0	0	0	0	0
e	0	0	0	0	1	0	0	0	0	0	0	0	0	0	0	0	0	0	0	0	0	0	0	0	0	0	0
l	0	0	0	0	0	0	0	0	0	0	0	1	0	0	0	0	0	0	0	0	0	0	0	0	0	0	0
l	0	0	0	0	0	0	0	0	0	0	0	1	0	0	0	0	0	0	0	0	0	0	0	0	0	0	0
o	0	0	0	0	0	0	0	0	0	0	0	0	0	0	1	0	0	0	0	0	0	0	0	0	0	0	0
空	0	0	0	0	0	0	0	0	0	0	0	0	0	0	0	0	0	0	0	0	0	0	0	0	0	0	1
w	0	0	0	0	0	0	0	0	0	0	0	0	0	0	0	0	0	0	0	0	0	0	1	0	0	0	0
o	0	0	0	0	0	0	0	0	0	0	0	0	0	0	1	0	0	0	0	0	0	0	0	0	0	0	0
r	0	0	0	0	0	0	0	0	0	0	0	0	0	0	0	0	0	1	0	0	0	0	0	0	0	0	0
l	0	0	0	0	0	0	0	0	0	0	0	1	0	0	0	0	0	0	0	0	0	0	0	0	0	0	0
d	0	0	0	1	0	0	0	0	0	0	0	0	0	0	0	0	0	0	0	0	0	0	0	0	0	0	0

图4.4 独热编码示例

独热编码有如下两种实现方法。

方法一：Pandas的get_dummies方法，格式如下：

```
pandas.get_dummies(data, sparse=False)
```

参数说明如下：

- data：数组类型为Series或DataFrame。
- sparse：是否是稀疏矩阵。

【例4.7】 独热编码示例1。

```
import pandas as pd
s=pd.Series(list("abcd"))
print(s)
s1=pd.get_dummies(s,sparse=True)
print(s1)
```

【程序运行结果】

```
0    a
1    b
2    c
3    d
```

```
dtype: object
    a  b  c  d
0   1  0  0  0
1   0  1  0  0
2   0  0  1  0
3   0  0  0  1
```

方法二：采用 Sklearn 的 preprocessing 模块。

【例 4.8】 独热编码示例 2。

```
from sklearn.preprocessing import OneHotEncoder
enc=OneHotEncoder()
enc.fit([[0, 0, 3], [1, 1, 0], [0, 2, 1], [1, 0, 2]])
ans1=enc.transform([[0, 1, 3]])                         #输出稀疏矩阵
ans2=enc.transform([[0, 1, 3]]).toarray()               #输出数组格式
print("稀疏矩阵:\n",ans1)
print("数组格式:\n",ans2)
```

【程序运行结果】

稀疏矩阵：
```
    (0, 0)        1.0
    (0, 3)        1.0
    (0, 8)        1.0
```
数组格式：
```
[[1. 0. 0. 1. 0. 0. 0. 0. 1.]]
```

【程序运行结果分析】

数据矩阵的维度是 4×3，即 4 个数据，3 个特征。

第一列[0,1,0,1]为第一个特征向量，有两种取值(0 和 1)，所以对应的编码方式为 10、01。

第二列[0,1,2,0]为第二个特征向量，有 3 种取值(0、1、2)，所以对应的编码方式为 100、010、001。

第三列[3,0,1,2]为第三个特征向量，有 4 种取值(0、1、2、3)，所以对应的编码方式为 1000、0100、0010、0001。

在编码的参数[0,1,3]中，0 作为第一个特征编码为 10,1 作为第二个特征编码为 010,3 作为第三个特征编码为 0001,故[0,1,3]编码为 1 0 0 1 0 0 0 0 1。

4.3 初识特征提取

数据具有多种数据类型，除了数字化的信号数据(声音、图像等)，还有大量符号化的文本。但是，机器学习模型无法处理符号化的文本，只能接收数值型和布尔型数据，需要对数据进行特征提取。特征提取又称为特征抽取，是将任意数据(如字典、文本或图像)转换为机器学习的特征向量。

Sklearn 的 feature_extraction 模块用于特征提取,具体方法如表 4.2 所示。本书重点介绍字典特征提取和文本特征提取。

表 4.2 特征提取方法

方 法	说 明
feature_extraction.DictVectorizer	将特征值映射列表转换为向量
feature_extraction.FeatureHasher	特征哈希
feature_extraction.text	文本特征抽取
feature_extraction.image	图像特征抽取
feature_extraction.text.CountVectorizer	将文本转换为每个词出现次数的向量
feature_extraction.text.TfidfVectorizer	将文本转换为 TF-IDF 值的向量

4.4 字典特征提取

4.4.1 字典特征提取简介

当数据以字典这种数据结构存储时,可以使用 Sklearn 提供的 DictVectorizer 实现特征提取,具体语法如下:

```
sklearn.feature_extraction.DictVectorizer(sparse=True)
```

参数 sparse=True 表示返回稀疏矩阵,只将矩阵中非零值按位置表示出来,不表示零值,以节省内存空间。

4.4.2 DictVectorizer

【例 4.9】 字典特征抽取示例。

```
from sklearn.feature_extraction import DictVectorizer
def dictvec1():
    #定义一个字典列表,表示多个数据样本
    data=[ {"city": "上海", 'temperature': 100},
           {"city": "北京", 'temperature': 60},
           {"city": "深圳", 'temperature': 30} ]
    #转换器
        DictTransform=DictVectorizer()
        #DictTransform=DictVectorizer(sparse=True)  #这两行代码效果一样
    #调用 fit_transform 方法,传入字典,返回 sparse 矩阵
    data_new=DictTransform.fit_transform(data)
    print(DictTransform.get_feature_names())
```

```
    print(data_new)
    return None
if __name__=='__main__':
    dictvec1()
```

【程序运行结果】

```
['city=上海', 'city=北京', 'city=深圳', 'temperature']
  (0, 0)        1.0
  (0, 3)        100.0
  (1, 1)        1.0
  (1, 3)        60.0
  (2, 2)        1.0
  (2, 3)        30.0
```

【程序运行结果分析】

在特征向量化的过程中，DictVectorizer 对类别型（Categorical）与数值型（Numerical）特征的处理方式有很大差异。由于类别型特征无法直接数字化，因此需要借助原特征的名称，组合产生新的特征，并采用 0/1 二值方式进行量化；而数值型特征的转化则相对方便，一般情况下，只需要维持原始特征值即可。另外，将 sparse 设置为 False，代码如下：

```
DictTransform=DictVectorizer(sparse=False)
```

【程序运行结果】

```
['city=上海', 'city=北京', 'city=深圳', 'temperature']
[[ 1.   0.   0.   100.]
 [ 0.   1.   0.   60.]
 [ 0.   0.   1.   30.]]
```

【程序运行结果分析】

这是一个二维数组，与 sparse 矩阵含义相同。二维数组共有 3 行 4 列。3 行代表有 3 个向量，即 3 个样本。4 列表示两个特征（city 和 temperature）的取值。其中，city 共 3 个取值，分别为'city＝上海'、'city＝北京'、'city＝深圳'，采用独热编码。在第一行中，'上海'为真，取值为 1;'北京'、'深圳'为假，取值为 0。在第二行中，'北京'为真，取值为 1;其余为 0。后面各行以此类推。

4.5 文本特征提取

文本可以提取的特征如下：

（1）字数。统计文本的字（单词）数。

（2）非重复字数。统计文本中不重复的字（单词）数。

（3）长度。文本占用的存储空间（包含空格、标点符号、字母等）。

（4）停用词数。between、but、about、very 等词的数。

（5）标点符号数。文本中包含的标点符号数。

（6）大写单词数。文本中包含的大写单词数。

（7）标题式单词数。文本中标题式单词（首字母大写，其他字母小写的单词）数。

（8）单词的平均长度。文本中单词长度的平均值。

为便于叙述，后面将中文的字、词和英文的单词统一称为词。

Sklearn 提供了 CountVectorizer 与 TfidfVectorizer 两个特征提取方法。CountVectorizer 只考虑词在文本中出现的频率，适用于主题较多的数据集；而 TfidfVectorizer 采用 TF-IDF 模型，适用于主题较少的数据集。当一个词在多个文档中出现的频率都很高时，该词具有较低的权重；当一个词在特定的文档中出现的频率很高，而在其他文档中出现的频率很低时，该词具有较高的权重，因为这个词很可能是该特定文档中独有的词，具有较好的类别区分能力，能较好地描述该文档。

4.5.1　CountVectorizer

关键词通常在文章中反复出现。通过统计文章中每个词的词频并排序，可以初步获取部分关键词。Sklearn 提供了 CountVectorizer 方法用于文本特征提取，具体语法如下：

```
sklearn.feature_extraction.text.CountVectorizer(stop_words)
```

参数 stop_words 为停用词表。

【例 4.10】　CountVectorizer 示例。

```
from sklearn.feature_extraction.text import CountVectorizer
texts=["orange banana apple grape","banana apple apple","grape", 'orange apple']
#实例化一个转换器类
cv=CountVectorizer()
#调用 fit_transform()
cv_fit=cv.fit_transform(texts)
print(cv.vocabulary_)
print(cv_fit.shape)
print(cv_fit)
print(cv_fit.toarray())
```

【程序运行结果】

```
{'orange': 3, 'banana': 1, 'apple': 0, 'grape': 2}
(4, 4)
(0, 2)    1
(0, 0)    1
(0, 1)    1
(0, 3)    1
(1, 0)    2
```

```
(1, 1)      1
(2, 2)      1
(3, 0)      1
(3, 3)      1

[[1 1 1 1]
 [2 1 0 0]
 [0 0 1 0]
 [1 0 0 1]]]
```

【程序运行结果分析】

texts 列表中的词按首字母排序为(apple,banana,grape,orange)排名为(0,1,2,3)。

在"(0，2) 1"中，0 表示第一个字符串"orange banana apple grape"，2 对应上面的"'grape': 2"，1 表示出现次数为 1(即第一个字符串的索引为 2 的词出现次数为 1)。

在第二个字符串"banana apple apple"中，排名 0、1、2、3 的词(即 apple、banana、grape、orange)出现的次数为 2、1、0、0。

4.5.2 TfidfVectorizer

TF-IDF(Term Frequency - Inverse Document Frequency,词频与逆文档频率)模型是一种用于信息检索与数据挖掘的常用加权技术,是衡量一个词的重要程度的统计指标,用于评估词对于文件的重要程度。TF-IDF 综合考虑了词的稀有程度。在 TF-IDF 计算方法中,一个词的重要程度正比于其在文档中出现的次数,并且反比于包含它的文档数。如果包含该词的文档越多,就说明它应用越广泛,越不能体现文档的特色;反之,如果包含该词的文档越少,就说明该词越具有类别区分能力。

IDF 的计算步骤如下。

(1)计算 TF。

TF 算法统计文本中某个词的出现次数(即词频),计算公式如下:

$$TF = \frac{某个词在文档中的出现次数}{文档的总词数}$$

(2)计算 IDF。

IDF 算法用于计算某词频的逆权重系数(即逆文档频率),计算公式如下:

$$IDF = \log \frac{总样本数}{包含该词的文档数 + 1}$$

(3)计算 TF-IDF。

$$TF - IDF = TF \times IDF$$

【例 4.11】 TF-IDF 计算示例。

一个文档的总词数是 100 个,"苹果"出现了 3 次,则"苹果"一词在该文档中的词频就是 3/100＝0.03。若"苹果"一词在 1000 个文档中出现过,而全部文档的总词数是 10 000 000 个,其逆文档频率就是 lg(10 000 000/1000)＝4。最终,TF-IDF 的值就是 0.03×4＝0.12。

TF-IDF 模型除了考量某一词在当前训练文本中出现的频率之外,同时关注包含该词的其他训练文本数。相比之下,训练文本的数量越多,TfidfVectorizer 就越有优势。

TfidfVectorizer 函数的语法如下:

```
TfidfVectorizer(stop_words, sublinear_tf, max_df)
```

参数解释如下:

- stop_words:停用词表。
- sublinear_tf:取值为 True 或 False,指定计算 TF 值采用的策略。
- max_df:文档频率阈值。

【例 4.12】 TfidfVectorizer 示例。

```
from sklearn.feature_extraction.text import TfidfVectorizer
texts=["orange banana apple grape","banana apple apple","grape", 'orange apple']
cv=TfidfVectorizer()
cv_fit=cv.fit_transform(texts)
print(cv.vocabulary_)
print(cv_fit)
print(cv_fit.toarray())
```

【程序运行结果】

```
{'orange': 3, 'banana': 1, 'apple': 0, 'grape': 2}
  (0, 3)          0.5230350301866413
  (0, 1)          0.5230350301866413
  (0, 0)          0.423441934145613
  (0, 2)          0.5230350301866413
  (1, 1)          0.5254635733493682
  (1, 0)          0.8508160982744233
  (2, 2)          1.0
  (3, 3)          0.7772211620785797
  (3, 0)          0.6292275146695526
[[0.42344193 0.52303503 0.52303503 0.52303503]
 [0.8508161  0.52546357 0.         0.        ]
 [0.         0.         1.         0.        ]
 [0.62922751 0.         0.         0.77722116]]
```

4.6 中文分词

4.6.1 简介

当文本内容为英文时,以单词作为特征进行提取。当文本内容为中文时,应该如何去做呢?

【例 4.13】 中文分词示例。

```
from sklearn.feature_extraction.text import CountVectorizer
```

```
cv=CountVectorizer()
data=cv.fit_transform(["我来到北京清华大学"])
print('单词数:{}'.format(len(cv.vocabulary_)))
print('分词:{}'.format(cv.vocabulary_))
print(cv.get_feature_names())
print(data.toarray())
```

【程序运行结果】

单词数:1
分词:{'我来到北京清华大学': 0}
['我来到北京清华大学']
[[1]]

【程序运行结果分析】

程序无法对中文句子进行分词,将整个句子当成了一个词。中文与英文不同,英文的单词之间有空格作为天然的分隔符,而中文却没有。因此,"我来到北京清华大学"需要添加空格进行分隔,将文本内容变成"我 来到 北京 清华大学"。

```
from sklearn.feature_extraction.text import CountVectorizer
cv=CountVectorizer()
data=cv.fit_transform(["我 来到 北京 清华大学"])
print('单词数:{}'.format(len(cv.vocabulary_)))
print('分词:{}'.format(cv.vocabulary_))
print(cv.get_feature_names())
print(data.toarray())
```

【程序运行结果】

单词数:3
分词:{'来到': 1, '北京': 0, '清华大学': 2}
['北京', '来到', '清华大学']
[[1 1 1]]

4.6.2 jieba 分词库

当文本内容很多,不可能采用空格进行分词时,可以使用 jieba 分词库进行处理。jieba 是 Python 实现的分词库,用于统计分析给定词语在文件中出现的次数,其官方网站为 https://github.com/fxsjy/jieba,如图 4.5 所示。

安装 jieba,在命令提示符下输入如下命令:

```
pip install jieba
```

jieba 库支持如下 3 种分词模式:

* 全模式(full mode):把句子中所有可以成词的词语都扫描出来,速度非常快,但

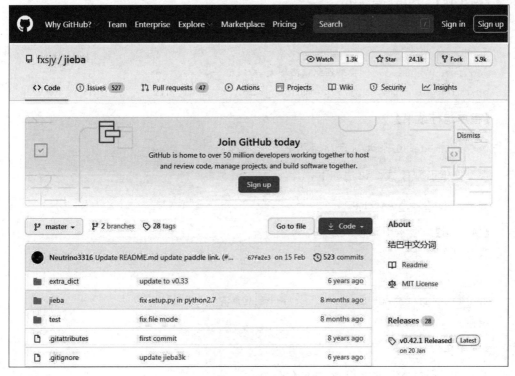

图 4.5 jieba 官网主页

是不能解决歧义问题。

- 精确模式(default mode):试图将句子最精确地切开,适用于文本分析。
- 搜索引擎模式(cut_for_search mode):在精确模式的基础上,对长词再次切分,提高召回率,适用于搜索引擎分词。

jieba 的 3 种模式如下。

(1) 全模式。语法如下:

```
jieba.cut(str,cut_all=True)
```

【例 4.14】 全模式示例。

程序代码如下:

```
import jieba
seg_list=jieba.cut("我来到北京清华大学",cut_all=True)
print("Full mode:"+"/".join(seg_list))
```

【程序运行结果】

Full mode:我/来到/北京/清华/清华大学/华大/大学

(2) 精确模式。语法如下:

```
jieba.cut(str,cut_all=False)
```

【例 4.15】 精确模式示例。

程序代码如下：

```
import jieba
seg_list=jieba.cut("我来到北京清华大学",cut_all=False)
print("Default mode:"+"/".join(seg_list))
```

【程序运行结果】

```
Default mode:我/来到/北京/清华大学
```

（3）搜索引擎模式。语法如下：

```
jieba.cut_for_search(str)
```

【例 4.16】 搜索引擎模式示例。

程序代码如下：

```
import jieba
seg_list=jieba.cut_for_search("我来到北京清华大学")
print("/".join(seg_list))
```

【程序运行结果】

```
我/来到/北京/清华/华大/大学/清华大学
```

下面详细介绍 jieba 的功能。

1. 自定义词典

当分词结果不符合开发者的预期时，可以通过自定义的词典包含 jieba 词库里没有的词，从而提高分词正确率。自定义词典有如下两种方式。

方式 1：添加词典文件。

添加词典文件，定义分词最小单位，文件要有特定格式，并且采用 UTF-8 编码。格式如下：

```
jieba.load_userdict(file_name)        # file_name 为自定义词典
```

【例 4.17】 jieba.load_userdict 示例。

```
import jieba
seg_list=jieba.cut("周元哲老师是 Python 技术讲师",cut_all=True)
print("/".join(seg_list))
```

【程序运行结果】

```
周/元/哲/老师/是/Python/技术/讲师
```

【程序运行结果分析】

"周/元/哲/"被分隔为"周""元"和"哲"，不符合开发者的预期。添加自定义词典，在

D盘根目录下创建 userdict.txt 文件,采用 UTF-8 编码,内容遵守如下规则:一个词占一行;每一行分3部分,分别为词语、词频(可省略)和词性(可省略),用空格隔开,顺序不可颠倒。本例的 userdict.txt 文件内容为"周元哲　3　n"。

修改代码如下:

```
import jieba
jieba.load_userdict("d:/userdict.txt")          #加载自定义词典
seg_list=jieba.cut("周元哲老师是 Python 技术讲师",cut_all=True)
print("/".join(seg_list))
```

【程序运行结果】

周元哲/老师/是/Python/技术/讲师

方式2:动态修改词频。

调节单个词语的词频,使其能(或者不能)被分出来。语法如下:

```
jieba.suggest_freq(segment, tune=True)
```

【例4.18】 jieba.suggest_freq 示例。

```
import jieba
jieba.suggest_freq("周元哲", tune=True)
seg_list=jieba.cut("周元哲老师是 Python 技术讲师",cut_all=True)
print("/".join(seg_list))
```

【程序运行结果】

周元哲/老师/是/Python/技术/讲师

2. 词性标注

每个词语都有词性,如"周元哲"是 n(名词),"是"是 v(动词),等等。词性标注命令如下:

```
jieba.posseg.cut ()
```

【例4.19】 "词性标注"示例。

```
import jieba.posseg as pseg
words=pseg.cut("周元哲老师是 Python 技术讲师")
for word,flag in words:
    print("%s%s"%(word,flag))
```

【程序运行结果】

```
周元哲 n
老师 n
是 v
Python eng
技术 n
```

讲师 n

常见词性如表 4.3 所示。

表 4.3 常见词性

词性	描述	词性	描述	词性	描述
Ag	形语素	G	语素	ns	地名
a	形容词	H	前接成分	nt	机构团体
ad	副形词	I	成语	nz	其他专名
an	名形词	J	简称略语	o	拟声词
b	区别词	K	后接成分	p	介词
c	连词	L	习用语	q	量词
dg	副语素	M	数词	r	代词
d	副词	Ng	名语素	s	处所词
e	叹词	N	名词	tg	时语素
f	方位词	Nr	人名	t	时间词
u	助词	Vd	副动词	x	非语素字
vg	动语素	Vn	名动词	y	语气词
v	动词	W	标点符号	z	状态词

3. 断词位置

断词位置用于返回每个分词的起始和终止位置,语法如下:

```
jieba.Tokenizer()
```

【例 4.20】 断词位置示例。

```
import jieba
result=jieba.tokenize('周元哲老师是 Python 技术讲师')    #返回词语在原文的起止位置
print("默认模式为:")
for tk in result:
    print("word %s\t\t start: %d \t\t end:%d" %(tk[0],tk[1],tk[2]))
```

【程序运行结果】

```
默认模式为:
word 周元哲        start: 0        end:3
word 老师          start: 3        end:5
word 是            start: 5        end:6
```

word Python	start: 6	end:12
word 技术	start: 12	end:14
word 讲师	start: 14	end:16

4. 基于 TF-IDF 算法的关键词抽取

基于 TF-IDF 算法计算文本中词语的权重,命令如下:

```
jieba.analyse.extract_tags(lines, topK=20, withWeight=False, allowPOS=())
```

参数解释如下:

- Lines:待提取的文本。
- topK:返回 TF/IDF 权重最大的关键词的个数,默认值为 20。
- withWeight:是否一并返回关键词权重值,默认值为 False。
- allowPOS:仅包括指定词性的词,默认值为空,即不筛选。

【例 4.21】 基于 TF-IDF 算法的关键词抽取示例。

```
import jieba.analyse as analyse
lines="周元哲老师是 Python 技术讲师"
keywords=analyse.extract_tags(lines, topK=20, withWeight=True, allowPOS=())
for item in keywords:
    print("%s=  %f "%(item[0],item[1]))
```

【程序运行结果】

```
周元哲  =  2.390954
Python =  2.390954
讲师   =  1.727597
老师   =  1.274684
技术   =  0.943891
```

5. 自定 IDF

jieba 给每一个分词标出 IDF。如果希望某个关键字的权重突出(或降低),可以将 IDF 设定得高一些(或低一些)。jieba 的 IDF 一般为 9~12,自定 IDF 为 2~5。

创建自定 IDF 文件,在 D 盘根目录下创建 idf.txt 文件,内容遵守如下规则:一个词占一行;每一行分两部分,分别是词和权重,用空格隔开,顺序不可颠倒。文件采用 UTF-8 的编码格式。本例 idf.txt 文件内容如下:

```
周元哲 5
讲师 4
```

【例 4.22】 自定 IDF 示例。

```
import jieba
import jieba.analyse as analyse
```

```
lines="周元哲老师是Python技术讲师"
print('default idf'+'-'*40)
keywords=analyse.extract_tags(lines, topK=10, withWeight=True, allowPOS=())
for item in keywords:
    print("%s=%f "%(item[0],item[1]))


print('set_idf_path'+'-'*40)
jieba.analyse.set_idf_path("d:/idf.txt")
keywords=analyse.extract_tags(lines, topK=10, withWeight=True, allowPOS=())
#print("topK=TF/IDF,TF=%d"%len(keywords))
for item in keywords:
    #print("%s=%f "%(item[0],item[1]))
    print("%s TF=%f, IDF=%f topK=%f
    "%(item[0],item[1],len(keywords)*item[1],item[1]*len(keywords)*item[1]))
```

【程序运行结果】

```
default idf----------------------------------------
周元哲   = 2.390954
Python = 2.390954
讲师    = 1.727597
老师    = 1.274684
技术    = 0.943891
set_idf_path----------------------------------------
周元哲   TF=1.000000,IDF=5.000000 topK=5.000000
老师    TF=1.000000,IDF=5.000000 topK=5.000000
Python TF=1.000000,IDF=5.000000 topK=5.000000
技术    TF=1.000000,IDF=5.000000 topK=5.000000
讲师    TF=0.800000,IDF=4.000000 topK=3.200000
```

6. 排列最常出现的分词

将每个分词当成key,将其在文中出现的次数作为value,最后进行降序排列。

【例4.23】 排列最常出现的分词示例。

```
import jieba
text="周元哲老师是Python技术讲师,周元哲老师是软件测试技术讲师"
dic={}
for ele in jieba.cut(text):
    if ele not in dic:
        dic[ele]=1
    else:
        dic[ele]=dic[ele]+1
for w in sorted(dic, key=dic.get, reverse=True):
    print("%s %i"%(w,dic[w]))
```

【程序运行结果】

```
周元哲      2
老师        2
是          2
技术        2
讲师        2
Python      1
，          1
软件测试    1
```

4.6.3　停用词表

【例 4.24】　jieba 实例。

使用 jieba 分析刘慈欣小说《三体》中出现次数最多的词。《三体》保存在 d:\\santi.txt 中，文件采用 UTF-8 编码。

程序代码如下：

```
import jieba
txt=open("d:\\santi.txt", encoding="utf-8").read()
words=jieba.lcut(txt)
counts={}
for word in words:
    counts[word]=counts.get(word,0)+1
items=list(counts.items())
items.sort(key=lambda x:x[1], reverse=True)
for i in range(30):
    word, count=items[i]
    print("{0:<10}{1:>5}".format(word, count))
```

【程序运行结果】

```
，          47372
的          36286
。          19494
了          10201
"           8784
"           8682
在          8383
是          7016
他          4212
中          3688
```

我	3359
和	3220
一个	3065
都	2973
上	2799
她	2757
说	2748
这	2726
你	2719
?	2708
:	2705
也	2670
但	2615
有	2505
着	2280
就	2232
不	2210
没有	2136

【例 4.25】 停用词示例。

如果只使用词频衡量词的重要性,很容易过度强调出现次数较多,但是没有太多信息的词语,如标点、空格、没有意义的字("," "的" "了")等。这些没有实际意义的功能词保存在停用词表中,可在网上下载(地址为 https://github.com/goto456/stopwords),文件名为 StopWords.txt。

修改后的程序代码如下:

```
import jieba
txt=open("santi.txt", encoding="utf-8").read()
#加载停用词表
stopwords=[line.strip() for line in open("StopWords.txt",encoding="utf-8").
readlines()]
words=jieba.lcut(txt)
counts={}
for word in words:
    #不在停用词表中
    if word not in stopwords:
        #不统计字数为 1 的词
        if len(word)==1:
            continue
        else:
            counts[word]=counts.get(word,0)+1
items=list(counts.items())
items.sort(key=lambda x:x[1], reverse=True)
for i in range(30):
```

```
word, count=items[i]
print ("{:<10}{:>7}".format(word, count))
```

【程序运行结果】

程心	1324
世界	1244
罗辑	1200
地球	964
人类	938
太空	935
三体	904
宇宙	892
太阳	774
舰队	651
飞船	645
时间	627
汪淼	611
两个	580
文明	567
东西	521
发现	502
这是	490
信息	478
感觉	469
计划	461
智子	459
叶文洁	448
一种	445
看着	435
太阳系	427
很快	422
面壁	406
真的	402
空间	381

【例 4.26】 引入 jieba 和停用词表，进行中文特征提取。

```
from sklearn.feature_extraction.text import CountVectorizer
import jieba
text='今天天气真好,我要去西安大雁塔玩,玩完之后,游览兵马俑'
#进行 jieba 分词,精确模式
text_list=jieba.cut(text, cut_all=False)
text_list=",".join(text_list)
```

```
context=[]
context.append(text_list)
print(context)
con_vec=CountVectorizer(min_df=1, stop_words=['之后', '玩完'])
X=con_vec.fit_transform(context)
feature_name=con_vec.get_feature_names()
print(feature_name)
print(X.toarray())
```

【程序运行结果】

```
['今天天气,真,好,,,我要,去,西安,大雁塔,玩,,,玩完,之后,,,游览,兵马俑']
['今天天气', '兵马俑', '大雁塔', '我要', '游览', '西安']
[[1 1 1 1 1 1]]
```

在中文文本特征提取前,必须先进行分词、停用词过滤等处理,然后才能进行编码,完成特征提取。

第5章　特征降维与特征选择

特征降维是指减少特征的个数,最终的结果就是特征和特征之间不相关。本章首先重点介绍特征降维的线性判别分析和主成分分析两种方法。其后,介绍特征选择的三大方法:包装法、过滤法和嵌入法。其中,包装法有递归特征消除和交叉验证递归特征消除两种方法,过滤法有移除低方差特征和单变量特征选择两种方法。随后,重点介绍了皮尔森相关系数法。Sklearn 提供了 SelectFromModel 函数。

5.1　初识特征降维

由于特征矩阵过大,会导致计算量大、训练时间长,因此降低特征矩阵维度必不可少。特征降维是通过选取有代表性的特征,减少特征个数,得到一组不相关主变量的过程,具有如下作用:

(1) 降低时间的复杂度和空间复杂度。

(2) 使得较简单的模型具有更强的鲁棒性。

(3) 便于实现数据的可视化。

特征降维具有线性判别分析(Linear Discriminant Analysis,LDA)和主成分分析(Principal Component Analysis,PCA)等方法。LDA 和 PCA 有很多相似之处,其本质是将原始的样本映射到维度更低的样本空间中。但是 PCA 和 LDA 的映射目标不一样,具体如下:

(1) LDA 是为了让映射后的样本有最好的分类性能,而 PCA 是为了让映射后的样本具有最大的发散性。

(2) LDA 是有监督的降维方法,而 PCA 是无监督的降维方法。

(3) LDA 最多降到类别减 1 的维数,而 PCA 没有这个限制。

(4) LDA 除了可以用于降维,还可以用于分类。

5.2　线性判别分析

5.2.1　线性判别分析简介

线性判别分析是一种经典的降维方法。现假设有红、蓝两色的二维数据,投影到一维,要求同色数据的投影点尽可能接近,不同色数据的投影点尽可能远,使得红色数据中心和蓝色数据中心的距离尽可能大。例如,图 5.1 中右图的投影效果好于左图的投影效果。

线性判别分析就是寻找这样的一条线:$y = w^T x$,使得投影后类内方差最小,类间方

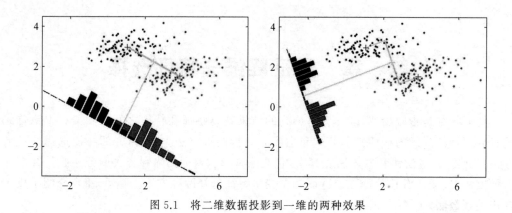

图 5.1　将二维数据投影到一维的两种效果

差最大，如图 5.2 所示。

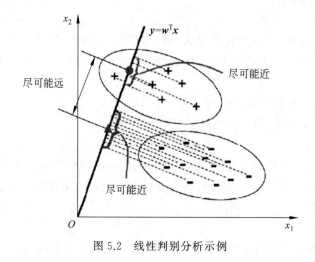

图 5.2　线性判别分析示例

5.2.2　线性判别分析示例

Sklearn 提供了 discriminant_analysis.LinearDiscriminantAnalysis 函数，用于实现线性判别分析，语法如下：

```
LinearDiscriminantAnalysis (n_components=n)
```

参数 n_components＝n 等号右侧的 n 代表减少的维数。

【例 5.1】　LDA 示例。

```
import matplotlib.pyplot as plt
from sklearn import datasets
from sklearn.discriminant_analysis import LinearDiscriminantAnalysis
iris=datasets.load_iris()                    #鸢尾花数据集
X=iris.data
```

```
y=iris.target
target_names=iris.target_names
lda=LinearDiscriminantAnalysis(n_components=2)
X_r2=lda.fit(X, y).transform(X)
plt.figure()
for c, i, target_name in zip("rgb", [0, 1, 2], target_names):
    plt.scatter(X_r2[y==i, 0], X_r2[y==i, 1], c=c, label=target_name)
plt.legend()
plt.title('LDA of IRIS dataset')
plt.show()
```

【程序运行结果】

程序运行结果如图 5.3 所示。

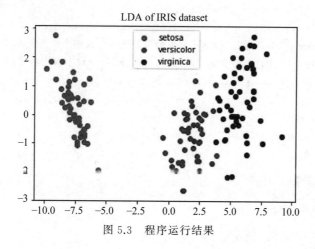

图 5.3 程序运行结果

5.3 主成分分析

5.3.1 主成分分析简介

在多变量的问题中,变量之间往往存在信息重叠。可以通过正交变换将一组可能存在相关性的变量转换为一组线性不相关的变量,转换后的变量称为主成分。主成分分析将关系紧密的变量删去,从而使得特征变得简单。其主要优点如下:

(1) 仅以方差衡量信息量。

(2) 各主成分两两正交,可消除原始数据成分间的相互影响因素。

(3) 计算方法简单,主要运算是特征值分解,易于实现。

主成分分析算法的主要缺点如下:

(1) 主成分各个特征维度的含义具有一定的模糊性。

(2) 非主成分也可能含有对样本差异的重要信息。

5.3.2　components 参数

Sklearn 提供了 decomposition.PCA 函数，用于实现主成分分析，具体语法如下：

```
PCA(n_components=n)
```

参数 n_components 取值有小数和整数之分。取值为小数时，表示保留的百分比；取值为整数时，则表示保留的特征数。

【例 5.2】　n_components 示例。

```
import numpy as np
import matplotlib.pyplot as plt
from mpl_toolkits.mplot3d import Axes3D
from sklearn.datasets.samples_generator import make_blobs
    #make_blobs:多类单标签数据集,为每个类分配一个或多个正态分布的点集
    #X为样本特征,Y为样本簇类别。共1000个样本,每个样本3个特征,共4个簇
    X,y=make_blobs(n_samples=10000, n_features=3, centers=[[3,3,3],[0,0,0],
        [1,1,1],[2,2,2]], cluster_std=[0.2, 0.1, 0.2, 0.2], random_state=9)
fig=plt.figure()
ax=Axes3D(fig, rect=[0, 0, 1, 1], elev=30, azim=20)
plt.scatter(X[:, 0], X[:, 1], X[:, 2],marker='o')
```

【程序运行结果】

```
scale=np.sqrt(self._sizes) * dpi / 72.0 * self._factor
```

程序运行结果如图 5.4 所示。

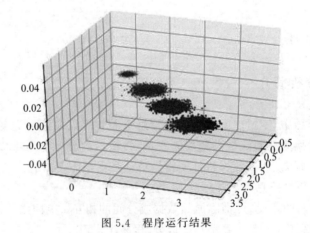

图 5.4　程序运行结果

```
from sklearn.decomposition import PCA
pca=PCA(n_components=3)
pca.fit(X)
print(pca.explained_variance_ratio_)
```

```
print(pca.explained_variance_)
```

【程序运行结果】

```
[0.98318212    0.00850037    0.00831751]
[3.78521638    0.03272613    0.03202212]
```

【程序运行结果分析】

投影后 3 个特征维度的方差分别为 98.3%、0.85% 和 0.83%,第一个特征占了绝大多数。

下面采用主成分分析进行特征降维,对 n_components 取值分为如下两种情况:

情况一: n_components 取整数。

```
#从三维降到二维,选择前两个特征,抛弃第三个特征
from sklearn.decomposition import PCA
pca=PCA(n_components=2)                                #减少到两个特征
pca.fit(X)
print(pca.explained_variance_ratio_)
print(pca.explained_variance_)
X_new=pca.transform(X)
plt.scatter(X_new[:, 0], X_new[:, 1],marker='o')      #将转化后的数据分布可视化
plt.show()
```

【程序运行结果】

```
[0.98318212    0.00850037]
[3.78521638    0.03272613]
```

程序运行结果如图 5.5 所示。

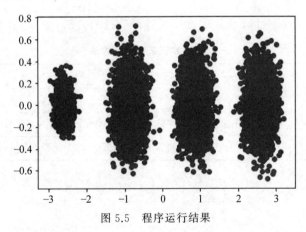

图 5.5 程序运行结果

情况二: n_components 取小数。

```
pca=PCA(n_components=0.95)                             #保留 95%的信息
pca.fit(X)
```

```
print(pca.explained_variance_ratio_)
print(pca.explained_variance_)
print(pca.n_components_)
```

【程序运行结果】

```
[0.98318212]
[3.78521638]
1
```

【程序运行结果分析】

只有第一个投影特征被保留。这是由于第一个主成分占投影特征的方差比例高达 98.3%，只选择这个特征维度便可以满足 95% 的阈值要求。

5.4 特征选择

5.4.1 简介

特征选择，又称变量选择、属性选择或变量子集选择，是选择相关特征子集用于模型构造的过程。简要地说，通过检测相关特征，摒弃冗余特征，获得特征子集，从而以最小的性能损失更好地描述问题。

特征选择和降维都是防止数据过拟合的有效手段。但是两者又有本质上的区别。降维本质上是从一个维度空间映射到另一个维度空间，在映射的过程中特征值会相应地变化。特征选择就是单纯地从提取到的所有特征中选择部分特征作为训练集特征，特征在选择前和选择后不改变值其，但是选择后的特征维数肯定比选择前小。特征选择注重删除无用特征。

sklearn.feature_selection 模块中给出了特征选择的方法，如表 5.1 所示。

表 5.1 特征选择模块方法

方　　法	说　　明
VarianceThreshold	删除方差小的特征
SelectKBest	返回 K 个最佳特征，移除那些除了评分最高的 K 个特征之外的所有特征
SelectPercentile	按指定百分比返回表现最佳的特征

5.4.2 3 种方法

特征选择的方法有包装法、过滤法和嵌入法等，具体如下：

- 包装法（wrapper）。根据目标函数（通常是预测效果评分），每次选择若干特征，或者排除若干特征。
- 过滤法（filter）。按照发散性或者相关性对各个特征进行评分，设定阈值或者待选择阈值的个数,选择特征。

- 嵌入法(embedded)。使用某些机器学习的算法和模型进行训练,得到各个特征的权值系数,根据系数从大到小选择特征。嵌入法类似于过滤法,但是嵌入法通过训练来确定特征的优劣。

5.5 包装法

包装法具有递归特征消除和交叉验证递归特征消除两种方法,具体介绍如下。

5.5.1 递归特征消除

递归特征消除(Recursive Feature Elimination,RFE)是常见的特征选择方法。其工作原理是:递归删除特征,并在剩余的特征上构建模型,使用模型准确率来判断哪些特征(或特征组合)对预测结果贡献较大。

Sklearn 提供了 RFE 函数,以实现递归消除特征法,格式如下:

```
RFE(estimator=svc, n_features_to_select=no_features, step=1)
```

参数解释如下:

- estimator=svc:指定有监督型学习器,该学习器具有 fit 方法,通过 coef_ 属性或者 feature_importances_ 属性来提供 feature 重要性的信息。
- n_features_to_select=no_features:指定保留的特征数。
- step=1:控制每次迭代过程中删去的特征数。

【例 5.3】 递归特征消除示例。

```
from sklearn.feature_selection import RFE
from sklearn.svm import LinearSVC
from sklearn.datasets import load_iris
from  sklearn import model_selection
iris=load_iris()
X, y=iris.data, iris.target
#特征提取
estimator=LinearSVC()
selector=RFE(estimator=estimator, n_features_to_select=2)
X_t=selector.fit_transform(X, y)
#切分训练集和测试集
X_train, X_test, y_train, y_test=model_selection.train_test_split(X, y, test_
        size=0.25, random_state=0, stratify=y)
X_train_t, X_test_t, y_train_t, y_test_t=model_selection.train_test_split(X_
        t, y, test_size=0.25, random_state=0, stratify=y)
#训练和测试
clf=LinearSVC()
```

```
clf_t=LinearSVC()
clf.fit(X_train, y_train)
clf_t.fit(X_train_t, y_train_t)
print("Original DataSet: test score=%s" %(clf.score(X_test, y_test)))
print("Selected DataSet: test score=%s" %(clf_t.score(X_test_t, y_test_t)))
```

【程序运行结果】

```
Original DataSet: test score=0.9736842105263158
Selected DataSet: test score=0.9473684210526315
```

【程序运行结果分析】

原模型的性能在递归特征消除后确实下降了,这是因为递归特征消除自身的原因。虽然该方法可以较好地进行手动特征选择,但是原模型在去除特征后的数据集上的性能表现要差于其在原数据集上的表现,这是因为去除的特征中包含有效信息。

5.5.2 交叉验证递归特性消除

交叉验证递归特性消除(Recursive Feature Elimination with Cross Validation, RFECV)通过交叉验证来找到最优的特征数量,实现特征选择。该方法分如下两个阶段:

(1) RFE 阶段。

进行递归特征消除,对特征进行重要性评级。具体步骤如下:

① 以初始的特征集作为所有可用的特征。

② 使用当前特征集进行建模,然后计算每个特征的重要性。

③ 删除最不重要的一个(或多个)特征,更新特征集。

④ 跳转到步骤②,直到完成所有特征的重要性评级。

(2) CV 阶段

在完成特征评级后,通过交叉验证,选择最佳数量的特征。具体步骤如下:

① 根据 RFE 阶段确定的特征重要性,依次选择不同数量的特征。

② 对选定的特征集进行交叉验证。

③ 确定平均分最高的特征数量,完成特征选择。

RFECV 用于选取单模型特征的效果相当不错,但是它有如下两个缺陷:

(1) 计算量大。

(2) 随着预估器的改变,最佳特征组合也会改变。

Sklearn 提供了 RFECV 函数,以实现交叉验证递归消除,格式如下:

```
RFECV(estimator=svc, step=1, cv=StratifiedKFold( 2))
```

参数解释如下:

• estimator=svc:指定用于递归构建模型的有监督型学习器。

• step=1:控制每次迭代过程中删去的特征个数为 1。

• cv=StratifiedKFold(2):指定交叉验证次数。

【例 5.4】 交叉验证递归特征消除示例。

```
import matplotlib.pyplot as plt
from sklearn.model_selection import StratifiedKFold
from sklearn.feature_selection import RFECV
from sklearn.datasets import make_classification
#使用内置函数生成数据集(1000 个样本,25 个特征,3 个有效特征,共 8 类)
X, y=make_classification(n_samples=1000, n_features=25, n_informative=3, n_
        redundant=2, n_repeated=0, n_classes=8, n_clusters_per_class=1,
        random_state=0)
#创建 RFECV,用正确分类比例(accuracy)进行评分
svc=SVC(kernel="linear")
rfecv=RFECV(estimator=svc, step=1, cv=StratifiedKFold(2), scoring='accuracy')
rfecv.fit(X, y)
print("Optimal number of features: %d"%rfecv.n_features_)
#绘制特征数与交叉验证得分关系图
plt.figure
plt.xlabel("Number of features selected")
plt.ylabel("Cross validation score (nb of correct classifications)")
plt.plot(range(1, len(rfecv.grid_scores_)+1), rfecv.grid_scores_)
plt.show
```

【程序运行结果】

```
Optimal number of features: 3
```

程序运行结果如图 5.6 所示。

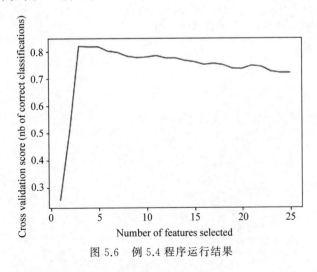

图 5.6 例 5.4 程序运行结果

5.6 过滤法

过滤法有移除低方差特征法和单变量特征选择两种方法。其中,单变量特征选择根据问题类型不同,其消除的指标不同。对于分类问题,采用卡方检验、f_classif 等指标。对于回归问题,采用皮尔森相关系数指标。

5.6.1 移除低方差特征

从方差的大小考虑,特征方差小是指某个特征的大多数样本的值比较相近,特征方差大是指某个特征很多样本的值有比较大的差别。移除低方差特征又称为方差选择法,用于删除低方差的一些特征。

Sklearn 提供 VarianceThreshold 函数实现此功能,其基本语法如下:

```
sklearn.feature_selection.VarianceThreshold(threshold)
```

参数 threshold 为移除方差的阈值。在默认情况下,它取值为 0,表示移除所有方差为 0 的特征,也就是移除所有取值相同的特征,保留所有非零方差特征。

【例 5.5】 移除低方差特征示例。

```
from sklearn.feature_selection import VarianceThreshold
import numpy as np
var=VarianceThreshold(threshold=1.0)                #将方差小于或等于1.0的特征删除
data=np.array([[0, 2, 0, 3], [0, 1, 4, 3], [0, 1, 1, 3]])
print("data\n",data)
print("data.shape\n",data.shape)
data_new=var.fit_transform(data)
print("data_new\n",data_new)
print("data_new.shape\n",data_new.shape)
```

【程序运行结果】

```
data
 [[0 2 0 3]
  [0 1 4 3]
  [0 1 1 3]]
data.shape
 (3, 4)
data_new
 [[0]
  [4]
  [1]]
data_new.shape
 (3, 1)
```

【程序运行结果分析】

4 个特征减少为 1 个特征。

5.6.2 单变量特征选择

单变量特征选择法又称为相关系数法，它通过计算每个变量的指标，根据重要程度剔除不重要的指标，选择最佳特征。Sklearn 提供了 SelectKBest 和 SelectPercentile 两个函数实现单变量特征选择。其中，SelectKBest 保留评分最高的 K 个特征，SelectPercentile 保留指定百分比的高分特征。

SelectKBest 的语法如下：

```
sklearn.feature_selection.SelectKBest(score_func=f_classif, k=10)
```

参数解释如下：

- score_func=f_classif：指定评分函数为 f_classif(默认值)，只适用于分类函数。
- k=10：评分最高的 10 个特征。

SelectPercentile 的语法如下：

```
SelectPercentile(score_func=f_classif, percentile=90)
```

参数解释如下：

- score_func=f_classif：指定评分函数为 f_classif(默认值)，只适用于分类函数。
- percentile=90：指定保留百分比为 90%。

【例 5.6】 SelectKBest 示例。

```
from sklearn.datasets import load_iris
from sklearn.feature_selection import SelectKBest
from sklearn.feature_selection import chi2
iris=load_iris()
X, y=iris.data, iris.target
print(X.shape)
#对样本进行一次 chi2 测试来选择最佳的两项特征
X_new=SelectKBest(chi2, k=2).fit_transform(X, y)
print(X_new.shape)
```

【程序运行结果】

```
(150, 4)
(150, 2)
```

【例 5.7】 SelectPercentile 示例。

```
from sklearn.feature_selection import SelectPercentile, f_classif
def test_SelectKBest():
    X=[[1,2,3,4,5],
```

```
        [5,4,3,2,1],
        [3,3,3,3,3,],
        [1,1,1,1,1]]
    y=[0,1,0,1]
    print("before transform:",X)
    selector=SelectPercentile(score_func=f_classif, percentile=90)
    selector.fit(X, y)
    print("scores_:",selector.scores_)
    print("pvalues_:",selector.pvalues_)
    print("selected index:",selector.get_support(True))
    print("after transform:",selector.transform(X))
#调用 test_SelectKBest 函数
test_SelectKBest()
```

【程序运行结果】

```
before transform: [[1, 2, 3, 4, 5], [5, 4, 3, 2, 1], [3, 3, 3, 3, 3], [1, 1, 1, 1, 1]]
scores_: [0.2  0.   1.   8.   9. ]
pvalues_: [0.69848865  1.         0.42264974  0.10557281  0.09546597]
selected index: [0  2  3  4]
after transform: [[1  3  4  5]
                  [5  3  2  1]
                  [3  3  3  3]
                  [1  1  1  1]]
```

5.7　皮尔森相关系数

5.7.1　皮尔森相关系数简介

皮尔森相关系数(Pearson orrelation oefficient)可以度量两个变量之间的相关程度。皮尔森相关系数($\rho_{X,Y}$)计算公式如下:

$$\rho_{X,Y} = \frac{\text{cov}(X,Y)}{\sigma_X \sigma_Y}$$

$\rho_{X,Y}$是用两个连续变量 X、Y 的协方差 $\text{cov}(X,Y)$ 除以 X、Y 各自的标准差的乘积($\sigma_X \sigma_Y$)。皮尔森相关系数的值为 $-1 \sim 1$,其性质如下:

- 当 $\rho_{X,Y} > 0$ 时,表示两个变量为正相关;当 $\rho_{X,Y} < 0$ 时,表示两个变量为负相关。
- 当 $|\rho_{X,Y}| = 1$ 时,表示两个变量为完全相关。
- 当 $\rho_{X,Y} = 0$ 时,表示两个变量无相关关系。
- 当 $0 < |\rho_{X,Y}| < 1$ 时,表示两个变量存在一定程度的相关。$|\rho_{X,Y}|$ 越接近 1,两个变量的线性相关系越强;$|\rho_{X,Y}|$ 越接近 0,表示两个变量的线性相关越弱。

对 $\rho_{X,Y}$ 一般可按 3 级划分:$|\rho_{X,Y}| < 0.4$ 为低度相关;$0.4 \leqslant |\rho_{X,Y}| < 0.7$ 为显著相关;$0.7 \leqslant |\rho_{X,Y}| < 1$ 为高度相关。

【例 5.8】 计算皮尔森相关系数示例。

```
import math
def pearson(vector1, vector2):
    n=len(vector1)
    sum1=sum(float(vector1[i]) for i in range(n))
    sum2=sum(float(vector2[i]) for i in range(n))
    sum1_pow=sum([pow(v, 2.0) for v in vector1])
    sum2_pow=sum([pow(v, 2.0) for v in vector2])
    p_sum=sum([vector1[i] * vector2[i] for i in range(n)])
    #分子为 num,分母为 den
    num=p_sum-(sum1 * sum2/n)
    den=math.sqrt((sum1_pow-pow(sum1, 2)/n) * (sum2_pow-pow(sum2, 2)/n))
    if den==0:
        return 0.0
    return num/den
if __name__=='__main__':
    vector1=[2,7,18,88,157,90,177,570]
    vector2=[3,5,15,90,180,88,160,580]
    print(pearson(vector1,vector2))
```

【程序运行结果】

```
0.9983487486440501
```

5.7.2 皮尔森相关系数应用示例

scipy.stats 模块提供了 pearsonr 函数,以计算皮尔森相关系数,语法如下:

```
pearsonr(x, y)
```

参数解释如下:

- x:特征。
- y:目标变量。

【例 5.9】 皮尔森相关系数应用示例。

```
#利用皮尔森相关系数计算特征与目标变量的相关度
from scipy.stats import pearsonr
from sklearn.datasets import load_iris
from sklearn.feature_selection import VarianceThreshold
import pandas as pd
import matplotlib.pyplot as plt
iris=load_iris()
data=pd.DataFrame(iris.data, columns=['sepal length', 'sepal width', 'petal
length', 'petal width'])
data_new=data.iloc[:, :4].values
#print("data_new:\n", data_new)
transfer=VarianceThreshold(threshold=0.5)
```

```
data_variance_value=transfer.fit_transform(data_new)
#print("data_variance_value:\n", data_variance_value)
#计算两个变量的相关系数
r1=pearsonr(data['sepal length'], data['sepal width'])
print("sepal length 与 sepal width 的相关系数:\n", r1)
plt.scatter(data['sepal length'], data['sepal width'])    #用散点图展示相关系数
plt.show()
r2=pearsonr(data['petal length'], data['petal width'])
print("petal length 与 petal width 的相关系数:\n", r2)
plt.scatter(data['petal length'], data['petal width'])    #用散点图展示相关系数
plt.show()
```

【程序运行结果】

```
sepal length 与 sepal width 的相关系数:
 (-0.11756978413300201, 0.15189826071144916)
```

程序运行结果如图 5.7 所示。

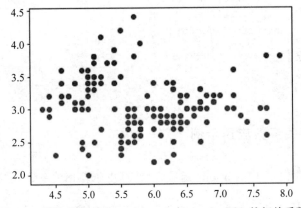

图 5.7　用散点图展示 sepal length 与 sepal width 的相关系数

```
petal length 与 petal width 的相关系数:
 (0.9628654314027961, 4.675003907327543e-86)
```

程序运行结果如图 5.8 所示。

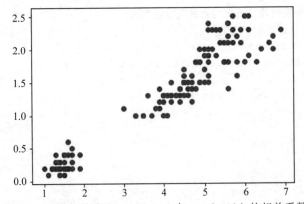

图 5.8　用散点图展示 petal length 与 petal width 的相关系数

5.8 嵌入法

嵌入法基于模型实现特征选择。基于模型的特征选择是使用有监督学习的模型对数据特征的重要性进行判断,保留最重要的特征,一般有基于惩罚项的特征选择和基于树模型的特征选择等方法。Sklearn 提供了 SelectFromModel 函数实现,其语法如下:

```
SelectFromModel(estimator, prefit=False)
```

参数解释如下:

- estimator:评估器。
- prefit:预设模型是否期望直接传递给构造函数。取值为 bool 值,默认为 False。

5.8.1 基于惩罚项的特征选择

采用惩罚项的模型进行特征选择,除了筛选出所需的特征外,同时进行降维处理。可以采用带有 L1 和 L2 惩罚项的逻辑回归模型进行特征选择,L1 惩罚项保留多个对目标值具有同等相关性的特征中的一个,往往结合 L2 惩罚项进行优化。

【例 5.10】 基于惩罚项的特征选择示例。

```
from sklearn.svm import LinearSVC
from sklearn.datasets import load_iris
from sklearn.feature_selection import SelectFromModel
iris=load_iris()
X, y=iris.data, iris.target
print('X shape:', X.shape)
#使用线性支持向量机 LinearSVC 模型进行特征选择,惩罚项为 L1
lsvc=LinearSVC(C=0.01, penalty="l1", dual=False).fit(X, y)
model=SelectFromModel(lsvc, prefit=True)
X_new=model.transform(X)
print('X_new shape:', X_new.shape)
```

【程序运行结果】

```
X shape: (150, 4)
X_new shape: (150, 3)
```

5.8.2 基于树模型的特征选择

基于树的预测模型能够用来计算特征的重要程度,以去除不相关的特征。

【例 5.11】 基于树模型的特征选择示例。

```
from sklearn.ensemble import ExtraTreesClassifier
```

```
from sklearn.datasets import load_iris
from sklearn.feature_selection import SelectFromModel
iris=load_iris()
X, y=iris.data, iris.target
print('X shape:', X.shape)
clf=ExtraTreesClassifier(n_estimators=10)
clf=clf.fit(X, y)
print('feature_importance:', clf.feature_importances_)
model=SelectFromModel(clf, prefit=True)
X_new=model.transform(X)
print('X_new shape:', X_new.shape)
```

【程序运行结果】

```
X shape: (150, 4)
feature_importance: [0.08310508  0.08442418  0.24673454  0.5857362]
X_new shape: (150, 1)
```

第 6 章 模型评估与选择

形象地说,拟合就是把平面上的一系列点用一条光滑的曲线连接起来,拟合的曲线一般可以用函数表示。本章首先介绍欠拟合、过拟合以及如何处理这两种情况。其次,介绍两种模型调参方法——网格搜索和随机搜索。在使用机器学习算法的过程中,针对不同的机器学习任务有不同的指标,同一任务也有侧重点不同的评价指标。分类评估指标一般有以下几个:混淆矩阵、准确率、精准率、召回率、F1 Score 值、ROC 曲线、AUC 和分类评估报告。本章最后介绍回归评估指标和分类损失函数。

6.1 欠拟合和过拟合

拟合是指机器学习模型在训练的过程中,通过更新参数,使得模型不断契合可观测数据(训练集)的过程。欠拟合(underfitting)指的是模型在训练和预测时表现都不好,这往往是由于模型过于简单,如图 6.1(a)所示。正常模型是指模型在训练和预测时表现都好,如图 6.1(b)所示。过拟合(overfitting)是指由于模型过于复杂,尽管在训练集上表现得很好,但在测试集上表现得较差,如图 6.1(c)所示。

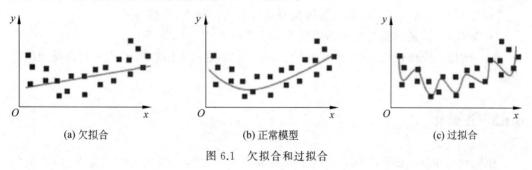

(a) 欠拟合　　　　　　　(b) 正常模型　　　　　　　(c) 过拟合

图 6.1　欠拟合和过拟合

6.1.1 欠拟合

欠拟合往往是由于模型的数据特征过少或者模型复杂度较低所致。因此,可以通过如下办法解决欠拟合问题:

(1)通过特征工程添加更多特征项。当特征不足或者现有特征与样本标签的相关性不强时,通过组合特征进行处理。

(2)进行模型优化,提升模型复杂度。提升模型的复杂度能够增强模型的拟合能力。例如,在线性模型中可以通过添加高次项等提升模型的复杂度。

(3)减小正则项权重。正则化的目的是防止过拟合,但是现在模型出现了欠拟合,因此需要减小正则项的权重。

(4) 使用集成方法。融合几个有差异的弱模型,使其成为一个强模型。

6.1.2　过拟合

过拟合指的是模型在训练集上表现得很好,但是在交叉验证集合测试集上表现得一般,也就是说模型对未知样本的预测表现得一般,泛化(generalization)能力较差。过拟合产生的原因往往有以下几个:

(1) 训练数据不足,数据太少,导致无法描述问题的真实分布。根据统计学的大数定律,在试验不变的条件下,重复试验多次,随机事件的频率将趋近其概率。模型在求解最小值的过程中需要兼顾真实数据拟合和随机误差拟合。

(2) 数据有噪声。噪声数据使得更复杂的模型会尽量覆盖噪声点,即对数据过拟合。

(3) 对模型训练过度,导致模型非常复杂。

针对过拟合产生的原因,抑制过拟合的几种方法如下:

(1) 获取更多的训练样本。通过获取更多的训练样本,可以衰减噪声数据的权重。

(2) 数据处理。

- 进行数据清洗,纠正错误的标签,删除错误数据。
- 进行特征共性检查,利用皮尔逊相关系数计算变量之间的线性相关性,进行特征选择。
- 重要特征筛选,例如,对决策树模型进行求最大深度、剪枝等操作。
- 数据降维,通过主成分分析等保留重要特征。

(3) 增加正则项权重,减少高次项的影响。例如,通过 L1 或 L2 正则化提高模型的泛化能力。

6.1.3　正则化

正则化(regularization)的目的在于提高模型在未知测试数据上的泛化能力,避免参数过拟合。常用方法是在原模型优化目标的基础上增加针对参数的惩罚(penalty)项,一般有 L1 正则化与 L2 正则化两种方法。

L1 正则化是基于 L1 范数实现的,也就是 LASSO 回归,即在目标函数后面加上参数的绝对值之和与参数的积项

$$C = C_0 + \frac{\lambda}{n} \sum_w |w|$$

L2 正则化是基于 L2 范数实现的,也就是岭回归,即在目标函数后面加上参数的平方之和与参数的积项:

$$C = C_0 + \frac{\lambda}{2n} \sum_w w^2$$

6.2　模型调参

模型调参是指从数据特征入手,通过调整模型中的超参数来解决欠拟合和过拟合问题。Sklearn 提供了网格搜索和随机搜索两种参数调优方法。

6.2.1　网格搜索

GridSearchCV 可以自动进行超参数组合,通过交叉验证评估模型的优劣。GridSearchCV 拆分为 GridSearch 和 CV 两部分,即网格搜索和交叉验证。网格搜索是指在指定的参数范围内,通过循环和比较调整参数,训练预估器。假设模型有两个参数 a, b,参数 a 有 3 个取值,参数 b 有 4 个取值,共有 $3 \times 4 = 12$ 个取值,则依次搜索这 12 个网格。交叉验证将训练数据集划分为 K 份(默认为 10),依次取其中一份作为测试集,其余为训练集。model_selection 模块提供了 GridSearchCV 函数用于网格搜索,格式如下:

```
GridSearchCV(eatimator,param_grid)
```

参数说明如下:

- estimator:选择使用的分类器,并且传入除需要优化的参数之外的其他参数。每一个分类器都需要一个 scoring 参数或者 score 方法。
- param_grid:需要优化的参数的取值,值的类型为字典或者列表。

【例 6.1】　网格搜索示例。

```
from sklearn import datasets                         #引入数据集
from sklearn.model_selection import train_test_split #将数据分为测试集和训练集
from sklearn.preprocessing import StandardScaler
from sklearn.neighbors import KNeighborsClassifier   #利用邻近点方式训练数据
from sklearn.model_selection import GridSearchCV
                                           #引入网格搜索实现算法参数的调优
#步骤 1:通过 datasets 加载鸢尾花数据集
iris=datasets.load_iris()                  #鸢尾花数据 iris 包含 4 个特征变量
#步骤 2:划分数据集
X_train, X_test, y_train, y_test=train_test_split(iris.data, iris.target,
    random_state=3)
#步骤 3:特征工程(标准化)
transfer=StandardScaler()
X_train=transfer.fit_transform(X_train)
X_test=transfer.transform(X_test)
#步骤 4:KNN 算法预估器
estimator=KNeighborsClassifier()
#多个超参数,引入网格搜索
param_dict={"n_neighbors":[1,3,5,7,9,11]}
```

```
estimator=GridSearchCV(estimator, param_grid=param_dict, cv=10)    #10折交叉验证
estimator.fit(X_train, y_train)
#步骤5:模型评估
#最佳参数
print("最佳参数:\n", estimator.best_params_)
#最佳结果
print("最佳结果:\n", estimator.best_score_)
#最佳评估器
print("最佳评估器:\n", estimator.best_estimator_)
#交叉验证结果
#print("交叉验证结果:\n", estimator.cv_results_)
```

【程序运行结果】

```
最佳参数
 {'n_neighbors': 3}
最佳结果
 0.9553030303030301
最佳评估器
 KNeighborsClassifier(n_neighbors=3)
```

6.2.2 随机搜索

当参数较少时,GridSearchCV方法比较适用,可以保证在指定的参数范围内找到精度最高的参数。但是,在大数据集和多参数的情况下,由于网格搜索要遍历所有可能的参数组合,因而较为耗时;而随机搜索找到模型的最优参数的可能性比较大,并且也比较省时。

model_selection模块提供了RandomizedSearchCV方法用于随机搜索,代码如下:

```
meta_clf=RandomForestClassifier(n_estimators=20)
param_dist={"max_depth": [3, None],
            "max_features": [1,5,7,11],
            "min_samples_split": [1,5,7,11],
            "min_samples_leaf": [1,5,7,11],
            "bootstrap": [True, False],
            "criterion": ["gini", "entropy"]}
#运行随机搜索
n_iter_search=20
rs_clf=RandomizedSearchCV(meta_clf, param_distributions=param_dist,
    n_iter=n_iter_search)
```

【例6.2】 随机搜索示例。

```
#导入相应的函数库
from sklearn import datasets
```

```
from sklearn.ensemble import RandomForestClassifier
from sklearn.model_selection import RandomizedSearchCV
#加载 iris 数据集
iris=datasets.load_iris()
iris_feature=iris['data']
iris_target=iris['target']
#建模分析
forest_clf=RandomForestClassifier(random_state=42)
param_distribs={'n_estimators': range(10,100), 'max_depth': range(5, 20)}
random_search=RandomizedSearchCV(forest_clf, param_distribs, n_iter=50, cv=3)
random_search.fit(iris_feature, iris_target)
print(random_search.best_params_)
best_model=random_search.best_estimator_
```

【程序运行结果】

```
{'n_estimators': 98, 'max_depth': 6}
```

6.3 分类评价指标

对于模型的评价往往会使用损失函数和评价指标,两者的本质是一致的。一般情况下,损失函数应用于训练过程,而评价指标应用于测试过程。对于回归问题,往往使用均方误差等指标评价模型,也使用回归损失函数作为评价指标。而分类问题的评价指标一般会选择准确率(accuracy)、ROC 曲线和 AUC 等,其评价指标如表 6.1 所示。

表 6.1 分类问题的评价指标

术 语	Sklearn 函数
混淆矩阵	confusion_matrix
准确率	accuracy_score
召回率	recall_score
f1_score	f1_score
ROC 曲线	roc_curve
AUC	roc_auc_score
分类评估报告	classification_report

6.3.1 混淆矩阵

在机器学习领域,混淆矩阵(confusion matrix)是衡量分类型模型准确度的方法中最基本、最直观、计算最简单的方法。混淆矩阵又称为可能性表格或错误矩阵,用来呈现算法性能的可视化效果,通常应用于有监督学习。混淆矩阵由 n 行 n 列组成,其每一列代表预测值,每一行代表实际的类别。例如,一个人得病了,但检查结果说他没病,那么他是"假没病",也叫假阴性(FN);一个人得病了,医生判断他有病,那么他是"真有病",也叫真阳性(TP);一个人没得病,医生检查结果却说他有病,那么他是"假有病",也叫假阳性(FP);一个人没得病,医生检查结果也说他没病,那么他是"真没病",也叫真阴性(TN)。4 种结局就是 $2 \times 2 = 4$ 的混淆矩阵,如表 6.2 所示。

表 6.2　混淆矩阵

预 测 输 出	真实值		总　　数
	ρ	n	
ρ'	真阳性(TP)	假阳性(FP)	P'
n'	假阴性(FN)	真阴性(TN)	N'
总数	P	N	

FN、TP、FP、TN 共包含 4 个字母 P、N、T、F,英文分别是 Positive、Negative、True、False。True 和 False 代表预测本身的结果是正确还是不正确,Positive 和 Negative 则是代表预测的方向是正向还是负向。

每一行之和表示该类别的真实样本数量,每一列之和表示被预测为该类别的样本数量。预测性分类模型肯定是越准越好。因此混淆矩阵中 TP 与 TN 的数值越大越好,而 FP 与 FN 的数值越小越好。

混淆矩阵具有如下特性:
- 样本全集=TP∪FP∪FN∪TN。
- 任何一个样本属于且只属于 4 个集合中的一个,即它们没有交集。

【例 6.3】　混淆矩阵示例。

某系统用来对猫(cat)、狗(dog)、兔子(rabbit)进行分类。现共有 27 只动物,包括 8 只猫、6 条狗和 13 只兔子。混淆矩阵如表 6.3 所示。

表 6.3　混淆矩阵

真　实　值	预测值		
	猫	狗	兔子
猫	5	3	0
狗	2	3	1
兔子	0	2	11

在这个混淆矩阵中,实际有 8 只猫,但是系统将其中 3 只猫预测成了狗;实际有 6 条狗,其中有一条狗被预测成了兔子,两条狗被预测成了猫;实际有 13 只兔子,其中有两只兔子被预测成了狗。

sklearn.metrics 模块提供了 confusion_matrix 函数,格式如下:

```
sklearn.metrics.confusion_matrix(y_true, y_pred, labels)
```

参数说明如下：

- y_true：真实目标值。
- y_pred：估计器预测目标值。
- labels：指定类别对应的数字。

【例6.4】 混淆矩阵示例。

```
from sklearn.metrics import confusion_matrix
y_true=[2, 0, 2, 2, 0, 1]
y_pred=[0, 0, 2, 2, 0, 2]
print("confusion_matrix\n",confusion_matrix(y_true, y_pred))
y_true=["cat", "ant", "cat", "cat","ant", "bird"]
y_pred=["ant", "ant", "cat", "cat","ant", "cat"]
print("confusion_matrix\n",confusion_matrix(y_true, y_pred, labels=["ant",
        "bird","cat"]))
```

【程序运行结果】

```
confusion_matrix
 [[2 0 0]
  [0 0 1]
  [1 0 2]]
confusion_matrix
 [[2 0 0]
  [0 0 1]
  [1 0 2]]
```

TPR(True Positive Rate,真阳率)的计算公式如下：

$$TPR = \frac{TP}{TP+FN}$$

FPR(False Positive Rate,假阳率)的计算公式如下：

$$FPR = \frac{FP}{FP+TN}$$

FNR(False Negative Rate,假阴率)的计算公式如下：

$$FNR = \frac{FN}{TP+FN}$$

TNR(True Negative Rata,真阴率)的计算公式如下：

$$TNR = \frac{TN}{TN+FP}$$

6.3.2 准确率

准确率(accuracy)是最常用的分类性能指标。准确率是预测正确的样本数与总样本数的比值。其计算公式如下：

$$ACC = \frac{TP + TN}{P + N}$$

sklearn.metrics 模块提供了 accuracy_score 函数，格式如下：

```
sklearn.metrics.accuracy_score(y_true, y_pred, normalize)
```

参数解释如下：

- y_true：真实目标值。
- y_pred：估计器预测目标值。
- normalize：是否正则化。默认值为 True，返回正确分类的比例；为 False 时返回正确分类的样本数。

【例 6.5】 准确率计算示例。

```
import numpy as np
from sklearn.metrics import accuracy_score
y_pred=[0, 2, 1, 3]
y_true=[0, 1, 2, 3]
print(accuracy_score(y_true, y_pred))
print(accuracy_score(y_true, y_pred, normalize=False))
```

【程序运行结果】

```
0.5
2
```

6.3.3 精确率

精确率（precision）又称为查准率。精确率只针对预测正确的正样本而不是所有预测正确的样本，是正确预测的正样本数与预测正样本总数的比值，其计算公式如下：

$$Precision = \frac{TP}{TP + FP}$$

sklearn.metrics 模块提供了 precision_score 函数，格式如下：

```
sklearn.metrics.precision_score(y_true, y_pred)
```

参数解释如下：

- y_true：真实目标值。
- y_pred：估计器预测目标值。

【例 6.6】 精确率计算示例。

```
from sklearn.metrics import precision_score
import numpy as np
y_true=np.array([1, 0, 1, 1])
```

```
y_pred=np.array([0, 1, 1, 0])
p=precision_score(y_true, y_pred)
print(p)
```

【程序运行结果】

```
0.5
```

6.3.4 召回率

召回率(recall)是有关覆盖面的度量,它反映有多少正例被分为正例,又称查全率。查准率和召回率是一对矛盾的度量。查准率高时,召回率往往偏低;而召回率高时,查准率往往偏低。

召回率是正确预测的正例数与实际正例总数之比,计算公式如下:

$$Recall = \frac{TP}{TP+FN}$$

sklearn.metrics 模块提供了 recall_score 函数,格式如下:

```
sklearn.metrics.recall_score(y_true, y_pred, average)
```

参数解释如下:

- y_true:真实目标值。
- y_pred:估计器预测目标值。
- average:取值为'micro'、'macro'、'weighted'。

【例 6.7】 召回率示例。

```
from sklearn.metrics import recall_score
y_true=[0, 1, 2, 0, 1, 2]
y_pred=[0, 2, 1, 0, 0, 1]
print(recall_score(y_true, y_pred, average='macro'))
print(recall_score(y_true, y_pred, average='micro'))
print(recall_score(y_true, y_pred, average='weighted'))
print(recall_score(y_true, y_pred, average=None))
```

【程序运行结果】

```
0.3333333333333333
0.3333333333333333
0.3333333333333333
[1. 0. 0.]
```

以信息检索为例,刚开始在页面上显示的信息是用户可能最感兴趣的信息,此时查准率高,但只显示了部分数据,所以召回率低;随着用户不断地下拉滚动条显示其余信息,信息与用户兴趣的匹配程度逐渐降低,查准率不断下降,召回率逐渐上升;当下拉到信息底部时,此时的信息是最不符合用户兴趣的,因此查准率最低,但所有的信息都已经展示,召回率最高。

6.3.5　F1 分数

F1 分数(F1 score)用于衡量二分类模型的精确度,是精确率和召回率的调和值,其变化范围为 0~1。F1 分数的计算公式如下:

$$F1=\frac{2\times TP}{2\times TP+FN+FP}=\frac{2\times Precision\times Recall}{Precision+Recall}$$

sklearn.metrics 模块提供了 f1_score 函数,格式如下:

```
sklearn.metrics.f1_score(y_true, predictions, average="micro")
```

参数解释如下:

- y_true:真实目标值。
- predictions:估计器预测目标值。

【例 6.8】　示例。

已知混淆矩阵如表 6.4 所示。计算准确率、精确率、召回率和 F1 分数。

表 6.4　混淆矩阵

预　测　值	真实值		
	猫	狗	猪
猫	10	1	2
狗	3	15	4
猪	5	6	20

(1) 准确率。

在总共 66 个动物中,预测对 10+15+20=45 个样本,所以准确率为

$$ACC=45/66 = 68.2\%$$

以猫为例,将表 6.4 合并为二分问题,如表 6.5 所示。

表 6.5　以猫为例的混淆矩阵

预　测　值	真实值	
	猫	不是猫
猫	10	3
不是猫	8	45

(2) 精确率。

以猫为例,13 只猫只有 10 只预测正确。模型认为是猫的 13 个动物里,有一条狗、两头猪。所以,

$$Precision=10/13=76.9\%$$

(3) 召回率。

以猫为例,在总共 18 只猫中,模型认为其中有 10 只是猫,剩下的是 3 条狗和 5 头猪。所以,

$$\text{Recall(猫)} = 10/18 = 55.6\%$$

（4）F1 分数。

以猫为例，通过公式计算，

$$F1 = (2 \times 0.769 \times 0.556)/(0.769 + 0.556) = 64.54\%$$

【例 6.9】 F1 分数示例。

```
from sklearn import metrics
y_test=[0, 0, 0, 0, 0, 0, 0, 0, 0, 1, 1, 1, 1, 1, 1, 1, 1, 1, 1, 2, 2, 2, 2, 2, 2, 2,
    2, 2, 2]
predictions=[0, 0, 1, 1, 0, 0, 0, 2, 2, 0, 1, 1, 1, 1, 2, 1, 1, 2, 2, 1, 2, 2, 2, 2, 2,
    2, 1, 1, 2, 2]
F1=metrics.f1_score(y_test, predictions, average="micro")
print("F1:", F1)
```

【程序运行结果】

```
F1: 0.7
```

6.3.6 ROC 曲线

区分正负类时，通常会设置一个阈值，大于阈值的为正类，小于阈值为负类。如果减小这个阈值，更多的样本会被识别为正类，提高正类的识别率，但同时也会使得更多的负类被错误地识别为正类。为了直观地表示这一现象，引入了 ROC 曲线。ROC 曲线的全称是受试者工作特征（Receiver Operating Characteristic）曲线，是在第二次世界大战中发明的，用来侦测战场上的敌军载具（飞机、船舰）。后来它被引入心理学，用于进行信号的知觉检测。在机器学习领域，ROC 曲线用来评判分类、检测结果的好坏。

ROC 曲线用于描述混淆矩阵中 FPR 和 TPR 两个量的相对变化情况。ROC 曲线的横轴是 FPR，纵轴是 TPR。ROC 曲线用于描述样本的真实类别和预测概率，如图 6.2 所示。

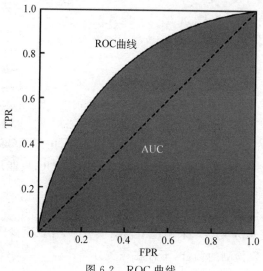

图 6.2 ROC 曲线

ROC 曲线中的 4 个点如下：

- 点 $(0,1)$：即 $FPR=0$，$TPR=1$，意味着 $FN=0$ 且 $FP=0$，所有的样本都正确分类。
- 点 $(1,0)$：即 $FPR=1$，$TPR=0$，最差分类器，避开了所有正确答案。
- 点 $(0,0)$：即 $FPR=TPR=0$，$FP=TP=0$，分类器把每个样本都预测为负类。
- 点 $(1,1)$：即 $FPR=TPR=1$，分类器把所有样本都预测为正类。

sklearn.metrics 模块提供了 roc_curve 函数，格式如下：

```
sklearn.metrics.roc_curve(y_true, y_score)
```

参数解释如下：

- y_true：每个样本的真实类别，必须为 0（反例）、1（正例）标记。
- y_score：预测得分，可以是正类的估计概率

【例 6.10】 ROC 曲线示例。

```
import numpy as np
from sklearn import metrics
y=np.array([1, 1, 2, 2])
scores=np.array([0.1, 0.4, 0.35, 0.8])
fpr, tpr, thresholds=metrics.roc_curve(y, scores, pos_label=2)
print(fpr)
print(tpr)
print(thresholds)
rom sklearn.metrics import auc
print(metrics.auc(fpr, tpr))
```

【程序运行结果】

```
[0.   0.   0.5  0.5  1. ]
[0.   0.5  0.5  1.   1. ]
[1.8  0.8  0.4  0.35  0.1]
0.75
```

6.3.7 AUC

AUC(Area Under Curve)是指 ROC 曲线下的面积，由于 ROC 曲线一般都处于 $y=x$ 这条直线的上方，所以 AUC 的取值范围为 $0.5 \sim 1$。AUC 只能用于评价二分类，直观地评价分类器的好坏，值越大越好。

AUC 对模型性能的判断标准如下：

- AUC=1，是完美分类器。采用这个预测模型时，存在至少一个阈值能得出完美预测。在绝大多数预测的场合，不存在完美分类器。

- 0.5＜AUC＜1,优于随机猜测。若对这个分类器(模型)设定合适的阈值,它就有预测价值。
- AUC＝0.5,跟随机猜测一样(例如抛硬币),模型没有预测价值。
- AUC＜0.5,比随机猜测还差。但是,只要总是反预测而行,就优于随机猜测。

sklearn.metrics 模块提供了 roc_auc_score 函数,格式如下:

```
sklearn.metrics.roc_auc_score(y_true, y_score)
```

参数解释如下:

- y_true:每个样本的真实类别,必须为 0(反例)、1(正例)标记。
- y_score:预测得分,可以是正类的估计概率。

【例 6.11】 AUC 计算示例。

```
import numpy as np
from sklearn.metrics import roc_auc_score
y_true=np.array([0, 0, 1, 1])
y_scores=np.array([0.1, 0.4, 0.35, 0.8])
print(roc_auc_score(y_true, y_scores))
```

【程序运行结果】

```
0.75
```

6.3.8 分类评估报告

Sklearn 中的 classification_report 函数用于显示主要分类指标的文本报告,显示每个类的精确度、召回率、F1 值等信息。classification_report 函数格式如下:

```
sklearn.metrics.classification_report(y_true, y_pred, labels, target_names)
```

参数如下:

- y_true:真实目标值。
- y_pred:估计器预测目标值。
- labels:指定类别对应的数字。
- target_names:目标类别名称。

【例 6.12】 分类评估报告示例。

```
from sklearn.metrics import classification_report
y_true=[0, 1, 2, 2, 2]
y_pred=[0, 0, 2, 2, 1]
target_names=['class 0', 'class 1', 'class 2']
print(classification_report(y_true, y_pred, target_names=target_names))
```

【程序运行结果】

	precision	recall	f1-score	support
class 0	0.50	1.00	0.67	1
class 1	0.00	0.00	0.00	1
class 2	1.00	0.67	0.80	3
accuracy			0.60	5
macro avg	0.50	0.56	0.49	5
weighted avg	0.70	0.60	0.61	5

6.4 损失函数

损失函数(loss function)又称为误差函数(error function),是衡量模型好坏的标准,用于估量模型的预测值与真实值的不一致程度,是一个非负实值函数。损失函数的一般表示为 $L(y, f(x))$,用以衡量真实值 y 与预测值 $f(x)$ 不一致的程度,一般越小越好。

损失函数对模型进行评估,并且为模型参数的优化提供了方向。损失函数的选取依赖于参数的数量、异常值、机器学习算法、梯度下降的效率、导数求取的难易和预测的置信度等。

损失函数与代价函数(cost function)相似,可以互换使用。区别在于,损失函数用于单个训练样本。而代价函数是整个训练数据集的所有样本误差的平均损失。

损失函数有回归损失(regression loss)和分类损失(classification loss)两类。

6.5 回归损失

6.5.1 MAE

平均绝对误差(Mean Absolute Error,MAE)又称 L1 损失,是指预测值与真实值之间平均误差的大小,反映了预测值误差的实际情况,用于评估预测结果和真实数据集的接近程度。其值越小,说明拟合效果越好。

平均绝对误差的表达形式为

$$\text{MAE} = \frac{1}{n} \sum_{i=1}^{n} |\hat{y}_i - y_i|$$

图 6.3 是 MAE 函数示例,其中,真实目标值为 100,预测值为 $-10\,000 \sim 10\,000$。预测值(Predictions)为 100 时,MAE 损失(MAE Loss)达到其最小值。损失范围为 $[0, \infty]$。

Sklearn 提供了 mean_absolute_error 函数用于求平均绝对误差,格式如下:

```
sklearn.metrics. mean_absolute_error(y_true, y_pred)
```

参数解释如下:

• y_true:真实值。

• y_pred:预测值。

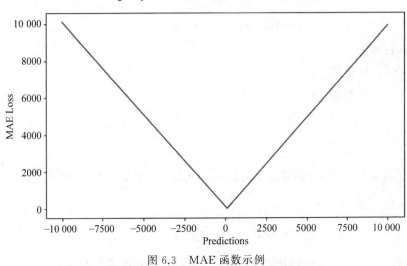

图 6.3 MAE 函数示例

6.5.2 MSE

均方误差(Mean Squared Error,MSE)又称 L2 损失,是最常用的回归损失评估指标,反映了观测值与真值偏差的平方之和与观测次数的比值,是预测值与真实值之差的平方之和的平均值。其值越小,说明拟合效果越好。

均方误差的表达形式为

$$\text{MSE} = \frac{1}{n} \sum_{i=1}^{n} (\hat{y}_i - y_i)^2$$

图 6.4 是 MSE 函数示例,其中,真实目标值为 100,预测值为 $-10\,000 \sim 10\,000$。预测值(Predictions)为 100 时,MSE 损失(MSE Loss)达到其最小值。损失范围为 $[0, \infty]$。

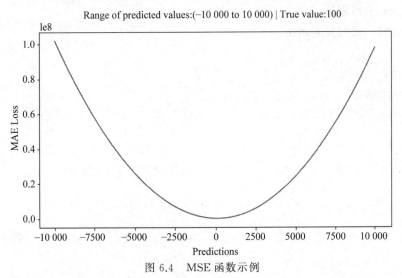

图 6.4 MSE 函数示例

Sklearn 提供了 mean_squared_error 函数用于求均方误差,格式如下:

```
sklearn.metrics.mean_squared_error(y_true, y_pred)
```

参数解释如下:

- y_true:真实值。
- y_pred:预测值。

6.5.3　RMSE

RMSE 是根均方误差(Root Mean Square Error),其取值范围为$[0,+\infty)$。其表达形式为

$$\text{RMSE} = \sqrt{\frac{1}{n}\sum_{i=1}^{n}(\hat{y}_i - y_i)^2}$$

取均方误差的平方根可以使得量纲一致,这对于描述和表示有意义。

6.5.4　R^2 分数

分类问题用 F1_score 进行评价。在回归问题中,相应的评价标准是决定系数(coefficient of determination),又称为 R^2 分数,简称 R^2。使用同一算法模型解决不同的问题,由于数据集的量纲不同,MSE、RMSE 等指标不能体现模型的优劣。而 R^2 分数的取值范围是$[0,1]$,越接近 1,表明模型对数据拟合较好;越接近 0,表明模型拟合较差。

Sklearn 提供了 r2_score 函数用于表示决定系统,格式如下:

```
sklearn.metrics.r2_score(y_true, y_pred)
```

参数解释如下:

- y_true:真实值。
- y_pred:预测值。

【例 6.13】 回归损失示例。

```
import numpy as np
from sklearn import metrics
from sklearn.metrics import r2_score
y_true=np.array([1.0, 5.0, 4.0, 3.0, 2.0, 5.0, -3.0])
y_pred=np.array([1.0, 4.5, 3.5, 5.0, 8.0, 4.5, 1.0])
#MAE
print("MAE: ", metrics.mean_absolute_error(y_true, y_pred))
#MSE
print("MSE: ", metrics.mean_squared_error(y_true, y_pred))
#RMSE
print("RMSE: ", np.sqrt(metrics.mean_squared_error(y_true, y_pred)))
#R Squared
```

```
print("R Square: ", r2_score(y_true, y_pred))
```

【程序运行结果】

```
MAE: 1.9285714285714286
MSE: 8.107142857142858
RMSE: 2.847304489713536
R Square: -0.1893712574850297
```

6.5.5 Huber 损失

均方损失(MSE)对于异常点进行较大惩罚,不够健壮。平均绝对损失(MAE)对于较多异常点表现较好,但在 $y-f(x)=0$ 处不连续可导,不容易优化。

L1 损失函数与 L2 损失函数对比如表 6.6 所示。

表 6.6 L1 损失函数与 L2 损失函数对比

L1 损失函数	L2 损失函数
健壮	不够健壮
不稳定解	稳定解
可能多个解	总是一个解

Huber 损失是对 MSE 和 MAE 缺点的改进。当 $|y-f(x)|$ 小于指定的 δ 值时,Huber 损失变为平方损失;当大于 δ 值时,Huber 损失类似于绝对值损失。回归损失函数对比如图 6.5 所示。

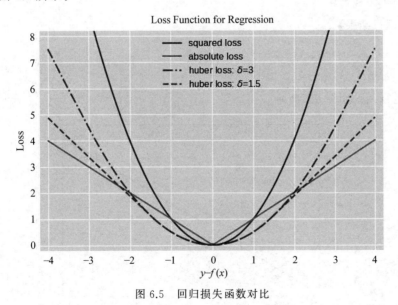

图 6.5 回归损失函数对比

sklearn.linear_model 提供了 HuberRegressor 函数用于 Huber 损失,格式如下:

```
huber=HuberRegressor()
```

【例 6.14】 Huber 损失示例。

```
import numpy as np
import matplotlib.pyplot as plt
from sklearn.linear_model import LinearRegression
from sklearn.linear_model import HuberRegressor
y_train=np.array([368, 340, 376, 954,331, 856])          #输入数据集
X_train=np.array([1.7, 1.5, 1.3, 5, 1.3, 2.2])           #输出数据集
plt.scatter(X_train, y_train, label='Train Samples')     #描绘数据
X_train=X_train.reshape(-1, 1)                            #改变输入数据维度
#L2 损失函数
lr=LinearRegression()                                    #学习预测
lr.fit(X_train, y_train)                                 #训练数据
a=range(1,6)                                             #利用预测出的斜率和截距绘制直线
b=[lr.intercept_+lr.coef_[0] * i for i in a]
plt.plot(a, b, 'r', label='Train Samples')
#Huber 损失函数
huber=HuberRegressor()
huber.fit(X_train, y_train)
a=range(1,6)                                             #利用预测出的斜率和截距绘制直线
b=[huber.intercept_+huber.coef_[0] * i for i in a]
plt.plot(a,b, 'b',label='Train Samples')
print("L2 损失函数:y={:.2f}+{:.2f} * x".format(lr.intercept_,lr.coef_[0]))
                                                        #打印出截距
print("Huber 损失函数:y={:.2f}+{:.2f} * x".format(huber.intercept_,huber.coef_[0]))
                                                        #打印出截距
plt.show()
```

【程序运行结果】

L2 损失函数:y=171.82+168.78 * x
Huber 损失函数:y=119.87+167.66 * x

程序运行结果如图 6.6 所示。

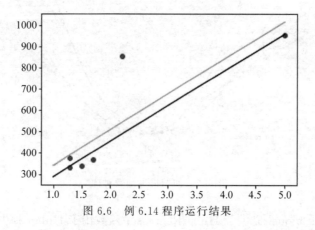

图 6.6 例 6.14 程序运行结果

从程序运行结果可知，L2 损失函数对噪声点比较敏感。

6.6　分类损失

本节介绍以下 5 个常见的损失函数：
（1）平方损失函数。
（2）绝对误差损失函数。
（3）0-1 损失函数。
（4）对数损失函数。
（5）铰链损失函数。

6.6.1　平方损失函数

平方损失（squared loss）函数计算实际值和预测值之差的平方，又称为 L2 损失函数，一般用在线性回归中，可以理解为最小二乘法。其表达形式为

$$L = (y - f(x))^2$$

相应的成本函数是这些平方误差的平均值（MSE）。

6.6.2　绝对误差损失函数

绝对误差损失（absolute error loss）函数计算预测值和实际值之间的距离，用在线性回归中。绝对误差损失函数也称为 L1 损失函数。绝对误差损失函数的表达形式为

$$L = |y - f(x)|$$

相应的成本函数是这些绝对误差的平均值（MAE）。

6.6.3　0-1 损失函数

0-1 损失（zero-one loss）函数当预测标签和真实标签一致时返回 0，否则返回 1。0-1 损失函数的表达形式为

$$L(y_i, f(x_i)) = \begin{cases} 1, & y_i \neq f(x_i) \\ 0, & y_i = f(x_i) \end{cases}$$

Sklearn 提供了 zero_one_loss 函数，格式如下：

```
sklearn.metrics.zero_one_loss(y_true, y_pred, normalize)
```

参数解释如下：
- y_true：真实值。
- y_pred：预测值。
- normalize：取值为 True，返回平均损失；取值为 False，返回损失之和。

【例 6.15】 0-1 损失函数示例。

```
from sklearn.metrics import zero_one_loss
import numpy as np
#二分类问题
y_pred=[1, 2, 3, 4]
y_true=[2, 2, 3, 4]
print(zero_one_loss(y_true, y_pred))
print(zero_one_loss(y_true, y_pred,normalize=False))
#多分类标签问题
print(zero_one_loss(np.array([[0, 1], [1, 1]]),np.ones((2, 2))))
print(zero_one_loss(np.array([[0, 1], [1, 1]]),np.ones((2, 2)),normalize=
False))
```

【程序运行结果】

```
0.25
1
0.5
```

6.6.4　对数损失函数

当预测值和实际值的误差符合高斯分布,使用对数损失(logarithmic loss)函数,其主要应用在逻辑回归中。对数损失函数的数学表达式是如下分段函数:

$$cost(h_\theta(x),y)=\begin{cases} -\log(h_\theta(x)), & y=1 \\ -\log(1-h_\theta(x)), & y=0 \end{cases}$$

当 $y=1$ 时,表示真实值属于这个类别;当 $y=0$ 时,表示真实值不属于这个类别。Sklearn 提供了 log_loss 函数,语法如下:

```
sklearn.metrics. log_loss (y_true,y_pred)
```

参数解释如下:

- y_true:真实值。
- y_pred:预测值。

【例 6.16】 log_loss 函数示例。

```
from sklearn.metrics import log_loss
y_true=[0, 0, 1, 1]
y_pred=[[0.9, 0.1], [0.8, 0.2], [0.3, 0.7], [0.01, 0.99]]
print(log_loss(y_true, y_pred))
```

【程序运行结果】

```
0.1738073366910675
```

6.6.5 铰链损失函数

铰链损失(hinge Loss)函数用于评价支持向量机。Sklearn 提供了 hinge_loss 函数，语法如下：

```
sklearn.metrics.hinge_loss(y_true, y_pred)
```

参数解释如下：
- y_true：真实值。
- y_pred：预测值。

【例 6.17】 铰链损失函数示例。

```
from sklearn import svm
from sklearn.metrics import hinge_loss
X=[[0], [1]]
y=[-1, 1]
est=svm.LinearSVC(random_state=0)
print(est.fit(X, y))
pred_decision=est.decision_function([[-2], [3], [0.5]])
print(pred_decision)
print(hinge_loss([-1, 1, 1], pred_decision))
```

【程序运行结果】

```
LinearSVC(random_state=0)
[-2.18177944  2.36355888  0.09088972]
0.3030367603854425
```

第 7 章　KNN 算法

KNN(K-Nearest Neighbor,K 近邻)算法是理论上比较成熟的方法,也是最简单的机器学习算法之一。本章重点介绍了 KNN 算法相关概念,k 值选择、距离度量和分类决策规则三要素,介绍了 KNN 算法的实施步骤,通过相关实例介绍了 KNN 算法在分类问题和回归问题上的应用。

7.1　初识 KNN 算法

KNN 算法是在 1968 年由 Cover 和 Hart 提出的,是一个有监督的机器学习算法,依据最邻近的样本决定待分类样本所属的类别。

KNN 算法具有如下主要优点:

(1) 理论成熟,思想简单,可解决分类与回归问题。

(2) 准确性高,对异常值和噪声有较高的容忍度。

KNN 算法具有如下两大不足:

(1) 由于该算法只计算最近的邻居样本,当样本数据分布不平衡时,会导致结果差距较大,因此,该算法往往引入权值方法(和该样本距离小的邻居样本权值大)来改进。

(2) 计算量较大,针对每一个待分类的文本,都要计算它到已知样本的距离,才能确定 k 个最近邻。常用的解决方法是事先去除对分类作用不大的样本点。

7.1.1　算法描述

KNN 算法示例如图 7.1 所示,已知 ω_1、ω_2、ω_3 分别代表训练集中的 3 个类别,k 值为

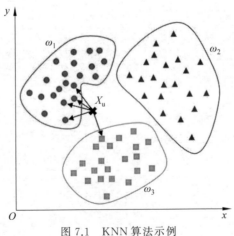

图 7.1　KNN 算法示例

5,预测 X_u 属于哪个类别。

KNN 算法具有如下 3 个步骤:

步骤 1:算距离。

计算待分类样本 X_u 与已分类样本的距离。

步骤 2:找邻居。

圈定与待分类样本距离最近的 5 个已分类样本,作为待分类样本的近邻。

步骤 3:做分类。

根据 5 个近邻中的多数样本所属的类别来决定待分类样本的类别,将 X_u 的类别预测为 ω_1。

【例 7.1】 KNN 算法示例。

```python
import matplotlib.pyplot as plt
plt.plot([9,9.2,9.6,9.2,6.7,7,7.6],[9.0,9.2,9.2,9.2,7.1,7.4,7.5],'yx')
                                                    #Orange
plt.plot([7.2,7.3,7.2,7.3,7.2,7.3,7.3],[10.3,10.5,9.2,10.2,9.7,10.1,10.1],'b.')
                                                    #Lemon
plt.plot([7],[9],'r^')                              #未知物体
circle1=plt.Circle((7,9),1.2,color='g')
plt.gcf().gca().add_artist(circle1)                 #绘制未知物体周边范围
plt.axis([6,11,6,11])                               #图表尺寸
plt.ylabel('H/cm')
plt.xlabel('W/cm')
plt.legend(('Orange','Lemon'),loc='upper right')
plt.show()
```

程序运行结果如图 7.2 所示。

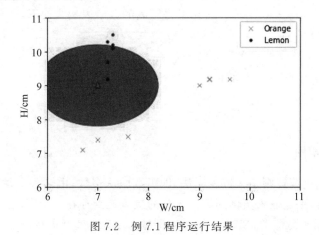

图 7.2 例 7.1 程序运行结果

【程序运行结果分析】

已知两类物体分别是 Lemon(点)和 Orange(叉),现对未知物体进行分类。取 k 值为 3,计算与未知物体最近的 3 个点,查找范围为椭圆形。由于在椭圆形内有 3 个

Lemon，未知物体归类为 Lemon。

7.1.2　三要素

KNN 算法的三要素是 k 值选择、距离度量和分类决策规则。

1. k 值选择

k 值选择分为如下两种情况：

（1）k 值选择较小，就相当于用较小的训练领域进行预测，学习的近似误差较小，预测结果与近邻的实例点关系非常敏感，容易发生过拟合。

（2）k 值选择较大，近似误差就会增大，对于距离比较远的点就起不到预测作用，容易受样本不平衡的影响，可能造成欠拟合。

【例 7.2】 k 值选择示例。

采用 KNN 算法确定圆属于三角形类还是正方形类，如图 7.3 所示。

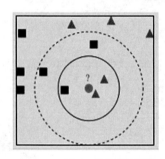

图 7.3　例 7.2 的分类问题

若 $k=3$，距离圆最近的 3 个点中三角形所占比例为 2/3，正方形所占比例为 1/3。由于 2/3＞1/3，所以圆分到三角形类中。若 $k=5$，正方形所占比例为 3/5，三角形所占比例为 2/5，圆分到正方形类中。由此可见，KNN 算法的结果在很大程度上取决于 k 值的选择。

2. 距离度量

特征对于距离度量的影响很大。样本特征要进行归一化处理。计算距离可以使用欧几里得距离或曼哈顿距离等。欧几里得距离的数学表达式如下：

$$d(x,y) = \sqrt{\sum_{k=1}^{n}(x_k - y_k)^2}$$

曼哈顿距离的数学表达式如下：

$$d(x,y) = \sqrt{\sum_{k=1}^{n}|x_k - y_k|}$$

3. 分类决策规则

KNN 算法的决策规则是多数表决法，即少数服从多数，由输入实例的 k 个近邻的训练实例中的多数类决定输入实例的类。这样的决策规则存在一个问题，假设已知 A、B 属于一类，C、D、E 属于另一类，现将 A 作为实例输入 KNN 模型进行测试，k 值设为 4，A、B 的距离很小，而 A 与 C、D、E 距离很大，但是由于分类决策规则是多数表决法，所以最终将 A 判断为与 C、D、E 一类，与假设不符。由此可以看出，多数表决法不合理。解决这一问题的方法是对距离进行加权，在 k 个实例中，B 对最终的决策会产生较大影响，应赋予较大权值；距离越远，影响力越小，权值也越小。

7.2 分类问题

7.2.1 分类问题简介

Sklearn 提供了 KNeighborsClassifier 函数，以解决分类问题，格式如下：

```
KNeighborsClassifier(n_neighbors, weights, algorithm, leaf_size, p)
```

参数解释如下：
- n_neighbors：k 值。
- weights：指定权重类型。默认值 weights＝'uniform'表示为每个近邻分配统一的权重。weights＝'distance'表示分配的权重与查询点的距离呈反比。
- algorithm：指定计算最近邻的算法。'auto'：自动决定最合适的算法；'ball_tree'：BallTree 算法；'kd_tree'：KDTree 算法；'brute'：暴力搜索法。
- leaf_size：指定 BallTree/KDTree 叶节点规模，会影响树的构建和查询速度。
- p：p＝1 为曼哈顿距离，p＝2 为欧几里得距离。

7.2.2 分类问题示例

【例 7.3】 分类问题示例。

```
from sklearn.datasets.samples_generator import make_blobs      #生成数据
centers=[[-2,2], [2,2], [0,4]]
X, y=make_blobs(n_samples=60, centers=centers, random_state=0, cluster_std=
        0.60)
#画出数据
import matplotlib.pyplot as plt
import numpy as np
plt.figure(figsize=(6,4), dpi=144)
c=np.array(centers)
#画出样本
plt.scatter(X[:,0], X[:,1], c=y, s=100, cmap='cool')
#画出中心点
plt.scatter(c[:,0], c[:,1], s=100, marker='^',c='orange')
plt.savefig('knn_centers.png')
plt.show()
#模型训练
from sklearn.neighbors import KNeighborsClassifier
k=5
clf=KNeighborsClassifier(n_neighbors=k)
clf.fit(X, y)
#进行预测
```

```
X_sample=np.array([[0, 2]])
y_sample=clf.predict(X_sample)
neighbors=clf.kneighbors(X_sample, return_distance=False)
#画出示意图
plt.figure(figsize=(6,4), dpi=144)
c=np.array(centers)
plt.scatter(X[:,0], X[:,1], c=y, s=100, cmap='cool')          #出样本
plt.scatter(c[:,0], c[:,1], s=100, marker='^', c='k')          #中心点
plt.scatter(X_sample[0][0], X_sample[0][1], marker="x", s=100, cmap='cool')
                                                               #待预测的点
for i in neighbors[0]:
    plt.plot([X[i][0], X_sample[0][0]], [X[i][1], X_sample[0][1]], 'k--',
linewidth=0.6)                      #预测点与距离最近的 5 个样本的连线
plt.savefig('knn_predict.png')
plt.show()
```

【程序运行结果】

程序运行结果如图 7.4、图 7.5 所示。

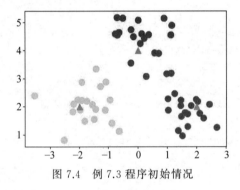

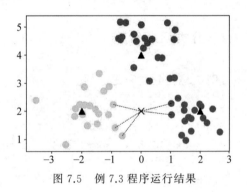

图 7.4　例 7.3 程序初始情况　　　　图 7.5　例 7.3 程序运行结果

【例 7.4】 KNN 分类示例。

```
import matplotlib.pyplot as plt                    #导入画图工具
import numpy as np                                 #导入数组工具
from sklearn.datasets import make_blobs            #导入数据集生成器
from sklearn.neighbors import KNeighborsClassifier #导入 KNN 分类器
from sklearn.model_selection import train_test_split  #导入数据集拆分工具
#生成样本数为 200、分类数为 2 的数据集
data=make_blobs(n_samples=200, n_features=2, centers=2, cluster_std=1.0,
random_state=8)
X, Y=data
#将生成的数据集可视化
#plt.scatter(X[:,0], X[:,1], s=80, c=Y, cmap=plt.cm.spring, edgecolors='k')
#plt.show()
clf=KNeighborsClassifier()
```

```
clf.fit(X, Y)
#绘制图形
x_min, x_max=X[:,0].min()-1,X[:,0].max()+1
y_min, y_max=X[:,1].min()-1,X[:,1].max()+1
xx, yy=np.meshgrid(np.arange(x_min, x_max, .02), np.arange(y_min, y_max, .02))
z=clf.predict(np.c_[xx.ravel(), yy.ravel()])
z=z.reshape(xx.shape)
plt.pcolormesh(xx, yy, z, cmap=plt.cm.Pastel1)
plt.scatter(X[:,0], X[:,1], s=80, c=Y, cmap=plt.cm.spring, edgecolors='k')
plt.xlim(xx.min(), xx.max())
plt.ylim(yy.min(), yy.max())
plt.title("Classifier:KNN")
plt.scatter(6.75, 4.82, marker='*', c='red', s=200) #待分类的数据点用五角星表示
res=clf.predict([[6.75,4.82]])                      #预测
plt.text(6.9, 4.5, 'Classification flag: '+str(res))
plt.show()
```

【程序运行结果】

程序运行结果如图 7.6 所示。

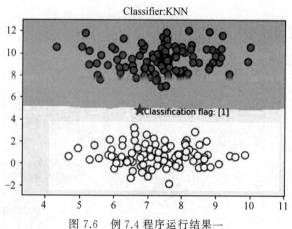

图 7.6　例 7.4 程序运行结果一

```
#使用 make_blobs 函数生成样本数为 500、分类数为 5 的数据集
import matplotlib.pyplot as plt                          #导入画图工具
import numpy as np                                       #导入数组工具
from sklearn.datasets import make_blobs                  #导入数据集生成器
from sklearn.neighbors import KNeighborsClassifier       #导入 KNN 分类器
from sklearn.model_selection import train_test_split     #导入数据集拆分工具
#生成样本数为 500、分类数为 5 的数据集
data=make_blobs(n_samples=500, n_features=2, centers=5, cluster_std=1.0,
random_state=8)
X,Y=data
#将生成的数据集可视化
```

```
#plt.scatter(X[:,0], X[:,1], s=80, c=Y, cmap=plt.cm.spring, edgecolors='k')
#plt.show()
clf=KNeighborsClassifier()
clf.fit(X, Y)
#绘制图形
x_min, x_max=X[:,0].min()-1,X[:,0].max()+1
y_min, y_max=X[:,1].min()-1,X[:,1].max()+1
xx, yy=np.meshgrid(np.arange(x_min, x_max, .02), np.arange(y_min, y_max, .02))
z=clf.predict(np.c_[xx.ravel(), yy.ravel()])
z=z.reshape(xx.shape)
plt.pcolormesh(xx, yy, z, cmap=plt.cm.Pastel1)
plt.scatter(X[:,0], X[:,1], s=80, c=Y, cmap=plt.cm.spring, edgecolors='k')
plt.xlim(xx.min(), xx.max())
plt.ylim(yy.min(), yy.max())
plt.title("Classifier:KNN")
plt.scatter(0, 5, marker='*', c='red', s=200)        #待分类的数据点用五角星表示
res=clf.predict([[0,5]])                              #预测
plt.text(0.2, 4.6, 'Classification flag: '+str(res))
plt.text(3.75, -13, 'Model accuracy: {:.2f}'.format(clf.score(X, Y)))
plt.show()
```

【程序运行结果】

程序运行结果如图 7.7 所示。

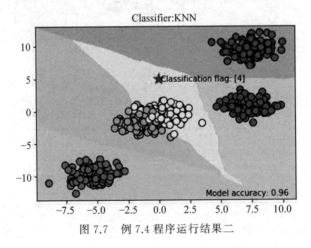

图 7.7 例 7.4 程序运行结果二

7.3 回归问题

7.3.1 回归问题简介

回归是对真实值的一种逼近预测,一般将最近的 k 个样本的输出平均值作为回归预

测值。Sklearn 提供了 KNeighborsRegressor 函数以解决回归问题,格式如下:

```
KNeighborsRegressor(n_neighbors)
```

参数 n_neighbors 为 k 值。

7.3.2　回归问题示例

【例 7.5】　回归问题示例。

```
import matplotlib.pyplot as plt
import numpy as np
#导入用于回归分析的 KNN 模型
from sklearn.neighbors import KNeighborsRegressor
from sklearn.datasets.samples_generator import make_regression
X,Y=make_regression(n_samples=100, n_features=1, n_informative=1, noise=50,
random_state=8)
reg=KNeighborsRegressor(n_neighbors=5)
reg.fit(X,Y)
 #将预测结果可视化
z=np.linspace(-3,3,200).reshape(-1,1)
 #将生成的数据集可视化
plt.scatter(X,Y,c='orange',edgecolor='k')
plt.plot(z,reg.predict(z),c='k',Linewidth=3)
plt.title("KNN Regressor")
plt.show()
```

【程序运行结果】
程序运行结果如图 7.8 所示。

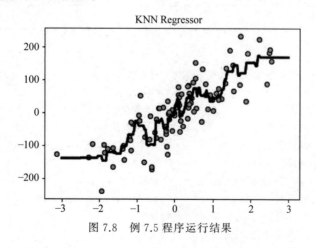

图 7.8　例 7.5 程序运行结果

7.4 案例

7.4.1 电影类型

【例 7.6】 预测电影类型。

电影类型根据搞笑镜头、拥抱镜头、打斗镜头的数量分为喜剧片、爱情片、动作片等，如表 7.1 所示。现有电影《唐人街探案》，其搞笑镜头为 23 个，拥抱镜头为 3 个，打斗镜头为 17 个，预测该电影的类型。

表 7.1 电影样本

序号	电影名称	搞笑镜头	拥抱镜头	打斗镜头	电影类型
1	《宝贝当家》	45	2	9	喜剧片
2	《美人鱼》	21	17	5	喜剧片
3	《澳门风云 3》	39	0	31	喜剧片
4	《功夫熊猫 3》	39	0	31	喜剧片
5	《谍影重重》	5	2	57	动作片
6	《叶问 3》	3	2	65	动作片
7	《伦敦陷落》	2	3	55	动作片
8	《我的特工爷爷》	6	4	21	动作片
9	《奔爱》	7	46	4	爱情片
10	《夜孔雀》	9	39	8	爱情片
11	《代理情人》	9	38	2	爱情片
12	《新步步惊心》	8	34	17	爱情片

```
import math
movie_data={"《宝贝当家》": [45, 2, 9, "喜剧片"],
            "《美人鱼》": [21, 17, 5, "喜剧片"],
            "《澳门风云 3》": [54, 9, 11, "喜剧片"],
            "《功夫熊猫 3》": [39, 0, 31, "喜剧片"],
            "《谍影重重》": [5, 2, 57, "动作片"],
            "《叶问 3》": [3, 2, 65, "动作片"],
            "《伦敦陷落》": [2, 3, 55, "动作片"],
            "《我的特工爷爷》": [6, 4, 21, "动作片"],
            "《奔爱》": [7, 46, 4, "爱情片"],
            "《夜孔雀》": [9, 39, 8, "爱情片"],
            "《代理情人》": [9, 38, 2, "爱情片"],
            "《新步步惊心》": [8, 34, 17, "爱情片"]}
#测试样本:"《唐人街探案》": [23, 3, 17, "?"]
```

```
x=[23, 3, 17]
KNN=[]
#采用欧几里得距离
for key, v in movie_data.items():
    d=math.sqrt((x[0]-v[0])**2+(x[1]-v[1])**2+(x[2]-v[2])**2)
    KNN.append([key, round(d, 2)])
#输出所用电影到《唐人街探案》的距离
print("《唐人街探案》到 各个影片的距离如下:\n")
print(KNN)
#按照距离递增排序
KNN.sort(key=lambda dis: dis[1])
#选取距离最小的 k 个样本,这里取 k=5
KNN=KNN[:5]
print("距离最小的前 5 部影片如下:")
print(KNN)
#确定前 k 个样本所在类别出现的频率,并输出频率最高的类别
labels={"喜剧片": 0,"动作片": 0,"爱情片": 0}
for s in KNN:
    label=movie_data[s[0]]
    labels[label[3]]+=1
labels=sorted(labels.items(), key=lambda l: l[1], reverse=True)
print(labels)
print("《唐人街探案》所属影片类型如下:")
print(labels[0][0])
```

【程序运行结果】

《唐人街探案》到各个影片的距离如下:

[[['宝贝当家'], 23.43], ['《美人鱼》', 18.55], ['《澳门风云 3》', 32.14], ['《功夫熊猫 3》', 21.47], ['《谍影重重》', 43.87], ['《叶问 3》', 52.01], ['《伦敦陷落》', 43.42], ['《我的特工爷爷》', 17.49], ['《奔爱》', 47.69], ['《夜孔雀》', 39.66], ['《代理情人》', 40.57], ['《新步步惊心》', 34.44]]

距离最小的前 5 部影片如下:

[[['我的特工爷爷》', 17.49], ['《美人鱼》', 18.55], ['《功夫熊猫》3', 21.47], ['《宝贝当家》', 23.43], ['《澳门风云》3', 32.14]]

[('喜剧片', 4), ('动作片', 1), ('爱情片', 0)]

《唐人街探案》所属影片类型如下:

喜剧片

7.4.2　鸢尾花

【例 7.7】　用 KNN 算法进行鸢尾花识别。

```
from sklearn import datasets                        #引入数据集
```

```
from sklearn.model_selection import train_test_split    #将数据分为测试集和训练集
from sklearn.preprocessing import StandardScaler
from sklearn.neighbors import KNeighborsClassifier       #利用邻近点方式训练数据
#步骤1:通过datasets加载鸢尾花数据集
iris=datasets.load_iris()                                 #鸢尾花数据集iris包含4个特征变量
#步骤2:划分数据集
x_train, x_test, y_train, y_test=train_test_split(iris.data, iris.target,
random_state=6)
#步骤3:特征工程(标准化)
transfer=StandardScaler()
x_train=transfer.fit_transform(x_train)                   #训练集标准化
x_test=transfer.transform(x_test)                         #测试集标准化
#步骤4:KNN算法预估器
estimator=KNeighborsClassifier(n_neighbors=3)
estimator.fit(x_train, y_train)
#步骤5:模型评估采用如下两种方法
#方法1:直接比对真实值和预测值
y_predict=estimator.predict(x_test)
print(y_predict)
print('比对真实值和预测值:\n', y_test==y_predict)
#方法2:计算准确率
score=estimator.score(x_test, y_test)                     #测试集的特征值和目标值
print("准确率:", score)
```

【程序运行结果】

```
[0 2 0 0 2 1 1 0 2 1 2 1 2 2 1 1 2 1 1 0 0 2 0 0 1 1 1 2 0 1 0 1 0 0 1 2 1 2]
比对真实值和预测值
[ True  True  True  True  True  True  False  True  True  True  True  True
  True  True  True  False True  True  True  True  True  True  True  True
  True  True  True  True  True  True  True  True  True  True  False True
  True  True]
准确率: 0.9210526315789473
```

7.4.3   波士顿房价

【例7.8】 用KNN算法进行波士顿房价预测。

```
#导入数据集
from sklearn.datasets import load_boston
import numpy as np
boston=load_boston()                                      #波士顿房价数据集
print(boston.data.shape)
X=boston.data
```

```
y=boston.target
from sklearn.feature_selection import SelectKBest, f_regression
#筛选和标签最相关的 5 个特征
selector=SelectKBest(f_regression, k=5)
X_new=selector.fit_transform(X, y)
print(X_new.shape)
print("最相关的 5 列是:\n", selector.get_support(indices=True).tolist())
                                                #查看最相关的 5 列

from sklearn.model_selection import train_test_split
#划分数据集
X_train, X_test, y_train, y_test=train_test_split(X_new, y, test_size=0.3,
random_state=666)
#print(X_train.shape, y_train.shape)
from sklearn.preprocessing import StandardScaler
#均值方差归一化
standardscaler=StandardScaler()
standardscaler.fit(X_train)
X_train_std=standardscaler.transform(X_train)
X_test_std=standardscaler.transform(X_test)
from sklearn.neighbors import KNeighborsRegressor       #用 KNN 处算法理回归问题
#训练
kNN_reg=KNeighborsRegressor()
kNN_reg.fit(X_train_std, y_train)
#预测
y_pred=kNN_reg.predict(X_test_std)
from sklearn.metrics import mean_squared_error
from sklearn.metrics import r2_score
print(np.sqrt(mean_squared_error(y_test, y_pred)))     #计算均方差根判断效果
print(r2_score(y_test, y_pred))          #计算均方误差回归损失,越接近 1,拟合效果越好
import numpy as np
import matplotlib.pyplot as plt
#绘图展示预测效果
y_pred.sort()
y_test.sort()
x=np.arange(1,153)
Pplot=plt.scatter(x, y_pred)
Tplot=plt.scatter(x, y_test)
plt.legend(handles=[Pplot, Tplot], labels=['y_pred', 'y_test'])
plt.show()
```

【程序运行结果】

```
(506, 13)
(506, 5)
最相关的 5 列是:
```

```
[2, 5, 9, 10, 12]
4.281592178027628
0.7430431315779586
```

程序运行结果如图 7.9 所示。

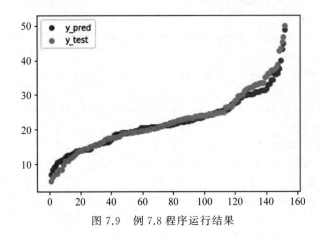

图 7.9　例 7.8 程序运行结果

7.4.4　印第安人的糖尿病

印第安人的糖尿病数据集可从下面的链接下载：
https://pan.baidu.com/s/1qjWByd5gZ3PBj782Kv3Mkg（提取码：orfr）

【例 7.9】　用 KNN 算法进行印第安人的糖尿病预测。

```
import pandas as pd
data=pd.read_csv('d:/diabetes.csv')
print('dataset shape {}'.format(data.shape))
data.info()
"""
dataset shape (768, 9)
<class 'pandas.core.frame.DataFrame'>
RangeIndex: 768 entries, 0 to 767
Data columns (total 9 columns):
Pregnancies                768 non-null int64
Glucose                    768 non-null int64
BloodPressure              768 non-null int64
SkinThickness              768 non-null int64
Insulin                    768 non-null int64
BMI                        768 non-null float64
DiabetesPedigreeFunction   768 non-null float64
Age                        768 non-null int64
Outcome                    768 non-null int64
```

```
dtypes: float64(2), int64(7)
memory usage: 54.1 KB
"""
```

【程序运行结果分析】

印第安人的糖尿病数据集总共有 768 个样本、8 个特征。其中,Outcome 为标签,0 表示没有糖尿病,1 表示有糖尿病。8 个特征如下:

- Pregnancies:怀孕次数。
- Glucose:血浆葡萄糖浓度,采用两小时口服葡萄糖耐量实验测得。
- BloodPressure:舒张压。
- SkinThickness:肱三头肌皮肤褶皱厚度。
- Insulin:两小时血清胰岛素。
- BMI:身体质量指数,体重除以身高的平方。
- Diabetes Pedigree Function:糖尿病血统指数。糖尿病和家庭遗传相关。
- Age:年龄。

```
print(data.head())
   Pregnancies  Glucose  BloodPressure  SkinThickness  Insulin   BMI  \
0            6      148             72             35        0  33.6
1            1       85             66             29        0  26.6
2            8      183             64              0        0  23.3
3            1       89             66             23       94  28.1
4            0      137             40             35      168  43.1
   DiabetesPedigreeFunction  Age  Outcome
0                     0.627   50        1
1                     0.351   31        0
2                     0.672   32        1
3                     0.167   21        0
4                     2.288   33        1
print(data.groupby('Outcome').size())
"""
Outcome
0  500
1  268
dtype: int64
"""
```

【程序运行结果分析】

数据集包括阴性样本 500 例,阳性样本 268 例。

```
X=data.iloc[:, 0:8]          #训练集
Y=data.iloc[:, 8]            #测试集
print('shape of X {}, shape of Y {}'.format(X.shape, Y.shape))
from sklearn.model_selection import train_test_split
```

```
X_train, X_test, Y_train,Y_test=train_test_split(X, Y, test_size=0.2)
"""
shape of X (768, 8), shape of Y (768,)
"""
#构建 3 个模型,分别对数据集进行拟合并计算评分
from sklearn.neighbors import KNeighborsClassifier, RadiusNeighborsClassifier
models=[]
#普通的 KNN 算法
models.append(('KNN', KNeighborsClassifier(n_neighbors=2)))
#带权重的 KNN 算法
models.append(('KNN with weights', KNeighborsClassifier(n_neighbors=2,
weights='distance')))
#指定半径的 KNN 算法
models.append(('Radius Neighbors', RadiusNeighborsClassifier(n_neighbors=2,
radius=500.0)))
#分别训练以上 3 个模型,并计算得分
results=[]
for name, model in models:
    model.fit(X_train, y_train)
    results.append((name, model.score(X_test, y_test)))
for i in range(len(results)):
    print('name: {}; score: {}'.format(results[i][0], results[i][1]))
"""
name: KNN; score: 0.6623376623376623
name: KNN with weights; score: 0.6493506493506493
name: Radius Neighbors; score: 0.6038961038961039
"""
```

【程序运行结果分析】

从输出可以看出,普通的 KNN 算法最好。但是,由于训练集和测试集是随机分配的,不同的训练样本和测试样本组合可能导致算法准确性有差异,从而导致判断不准确。采用多次随机分配训练集和交叉验证集,求模型评分的平均值的方法进行优化。Sklearn 提供了 KFold 和 cross_val_score 函数处理这种问题。

```
from sklearn.model_selection import KFold
from sklearn.model_selection import cross_val_score
results=[]
for name, model in models:
    kfold=KFold(n_splits=10)
    cv_result=cross_val_score(model, X, Y, cv=kfold)
    results.append((name, cv_result))
for i in range(len(results)):
    print('name: {}; cross_val_score: {}'.format(results[i][0], results[i][1].
mean()))
```

```
"""
name: KNN; cross_val_score: 0.7147641831852358
name: KNN with weights; cross_val_score: 0.6770505809979495
name: Radius Neighbors; cross_val_score: 0.6497265892002735
"""
```

【程序运行结果分析】

通过 KFold 把数据集分成 10 份,其中一份作为交叉验证集计算模型准确性,剩余 9
份作为训练集。cross_val_score 函数共计算 10 次不同训练集和交叉验证集组合得到的
模型评分,最后求平均值。

```
#使用普通的 KNN 算法模型,查看对训练样本的拟合情况以及对测试样本的预测准确性
knn=KNeighborsClassifier(n_neighbors=2)
knn.fit(X_train, Y_train)
train_score=knn.score(X_train, y_train)
test_score=knn.score(X_test, y_test)
print('train score: {}; test score : {}'.format(train_score, test_score))
"""
train score: 0.8485342019543974; test score : 0.6623376623376623
"""
```

【程序运行结果分析】

(1) 对训练样本的拟合评分约 0.89,说明算法模型较为简单,无法很好地拟合训练样本。
(2) 对测试样本的预测准确性不好,得分约 0.66。

```
from sklearn.model_selection import learning_curve
import numpy as np
def plot_learning_curve(plt, estimator, title, X, y, ylim=None, cv=None, n_jobs=1,
                        train_sizes=np.linspace(.1, 1.0, 5)):
    plt.title(title)
    if ylim is not None:
        plt.ylim( * ylim)
    plt.xlabel("Training examples")
    plt.ylabel("Score")
    train_sizes, train_scores, test_scores=learning_curve(estimator, X, y,
                        cv=cv, n_jobs=n_jobs, train_sizes=train_sizes)
    train_scores_mean=np.mean(train_scores, axis=1)
    train_scores_std=np.std(train_scores, axis=1)
    test_scores_mean=np.mean(test_scores, axis=1)
    test_scores_std=np.std(test_scores, axis=1)
    plt.grid()
    plt.fill_between(train_sizes, train_scores_mean-train_scores_std,
                        train_scores_mean+train_scores_std, alpha=0.1,
                        color="r")
```

```
    plt.fill_between(train_sizes, test_scores_mean-test_scores_std,
                     test_scores_mean+test_scores_std, alpha=0.1, color="g")
    plt.plot(train_sizes, train_scores_mean, 'o--', color="r",
             label="Training score")
    plt.plot(train_sizes, test_scores_mean, 'o-', color="g",
             label="Cross-validation score")
    plt.legend(loc="best")
    return plt
from sklearn.model_selection import ShuffleSplit
import matplotlib.pyplot as plt
knn=KNeighborsClassifier(n_neighbors=2)
cv=ShuffleSplit(n_splits=10, test_size=0.2, random_state=0)
plt.figure(figsize=(6,4), dpi=200)
plot_learning_curve(plt, knn, 'Learn Curve for KNN Diabetes', X, Y,
                    ylim=(0.0, 1.01), cv=cv)
```

程序运行结果如图 7.10 所示。

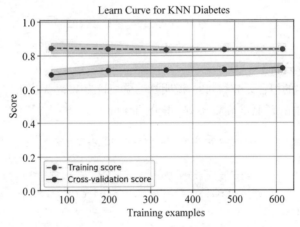

图 7.10　例 7.9 程序运行结果

【程序运行结果分析】

从图 7.10 可以看出,训练样本评分较低,且测试样本与训练样本距离较大,属于欠拟合。

第8章 决 策 树

机器学习中决策树表示对象属性和对象值之间的映射关系,树中的每一个节点表示对象属性的判断条件,其分支表示符合节点条件的对象。树的叶子节点表示对象所属的预测结果。本章介绍决策树的相关概念以及 ID3、C4.5 和 CART 等决策树算法,重点介绍决策树在分类问题和回归问题中的应用以及 max_depth 参数的调优,讲解随机森林和梯度提升决策树两种集成分类模型,最后介绍 Graphviz 图形工具与 DOT 绘图语言。

8.1 初识决策树

8.1.1 决策树简介

决策树(Decision Tree,DT)是一种常见的分类和回归的有监督学习方法。当分析每个决策或事件时,往往会得出多个不同的结果,将决策过程绘制成图形,很像一棵倒立的树。这种从数据产生决策树的机器学习技术叫作决策树学习,通常叫作决策树。决策树在机器学习中具有如下优势:

(1)决策树列出了决策问题的全部可行方案以及可行方案在各种不同状态下的期望值。

(2)不要求对特征进行标准化,数值型和类别型特征可以直接应用在树模型中。

(3)直观地显示决策问题在不同阶段的决策过程。

(4)在应用于复杂的多阶段决策时阶段明显、层次清楚。

决策树的缺点如下:

(1)决策树模型容易过拟合。

(2)对于各类别样本数量不一致的数据,信息增益偏向于样本更多的特征。

(3)往往忽略了特征之间信息的相关性。

【例 8.1】 银行贷款示例。

根据客户的职业、收入、年龄以及学历等信息判断客户是否有贷款意向。银行客户信息如表 8.1 所示。

表 8.1 银行客户信息

职　　业	年　　龄	收入/元	学　　历	是否有贷款意向
自由职业	28	5000	高中	是
工人	36	5500	高中	否
工人	42	2800	初中	是

续表

职　　业	年　　龄	收入/元	学　　历	是否有贷款意向
白领	45	3300	小学	是
白领	25	10 000	本科	是
白领	32	8000	硕士	否
白领	28	13 000	博士	是
自由职业	21	4000	本科	否
自由职业	22	3200	小学	否
工人	33	3000	高中	否
工人	48	4200	小学	否

客户信息表示为｛职业,年龄,收入,学历｝。某客户信息为｛工人,39,1800,小学｝,决策树的决策步骤如下:

步骤 1:根据客户的职业进行选择,选择职业＝工人的分支。

步骤 2:根据客户的年龄进行选择,选择年龄≤40 的分支。

步骤 3:根据客户的学历进行选择,选择学历＝小学/初中/高中的分支。

决策步骤如图 8.1 所示。

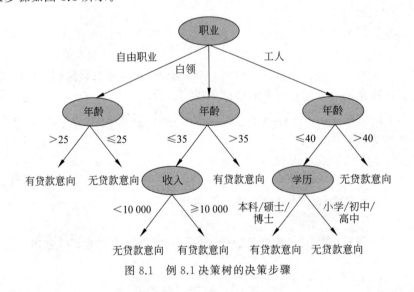

图 8.1　例 8.1 决策树的决策步骤

最终得出该客户无贷款意向的结论。可以看到,属性选择的先后次序对于构造决策树有至关重要的作用。

8.1.2　决策树相关概念

下面介绍与决策树相关的 4 个概念:信息、信息熵、互信息和信息增益。

1. 信息

信息泛指在社会中传播的一切内容，包括音讯、消息、通信系统传输和处理的对象等。信息可以通过信息熵被量化。1948 年，香农在《通信的数学原理》这篇论文中指出："信息是用来消除随机不确定性的东西。"

2. 信息熵

信息熵是表示信息含量的指标。越不确定的事件，其信息熵越大。信息熵的计算公式如下：

$$H(X) = -\sum_{x \in X} P(x) \log_2 P(x)$$

其中 $P(x)$ 表示事件 x 出现的概率，X 是事件全体的集合。

信息熵有如下 3 个性质：
- 单调性。发生概率越高的事件，信息熵越低。例如，"太阳从东方升起"是确定事件，没有消除任何不确定性，所以不携带任何信息量。
- 非负性。信息熵不能为负。
- 累加性。多个事件总的信息熵等于各个事件的信息熵之和。

3. 互信息

互信息是对两个离散型随机变量 X 和 Y 相关程度的度量，互信息的维恩图如图 8.2 所示。

左圆圈表示 X 的信息熵 $H(X)$，右圆圈表示 Y 的信息熵 $H(Y)$，并集是联合分布的信息熵 $H(X,Y)$，差集是条件熵 $H(X|Y)$ 或 $H(Y|X)$，交集为互信息 $I(X,Y)$。互信息越大，意味着两个随机变量的关联就越密切。

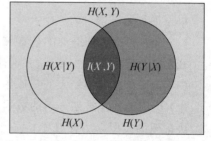

图 8.2 互信息的维恩图

【例 8.2】 赌马比赛。

已知 4 匹马分别是 a、b、c、d，其获胜概率分别为 $1/2$、$1/4$、$1/8$、$1/8$。通过如下 3 个二元问题确定哪一匹马（x）赢得比赛。

问题 1：a 获胜了吗？

问题 2：b 获胜了吗？

问题 3：c 获胜了吗？

问答流程如下：
- 如果 $x = a$，需要提问 1 次（问题 1）。
- 如果 $x = b$，需要提问 2 次（问题 1，问题 2）。
- 如果 $x = c$，需要提问 3 次（问题 1，问题 2，问题 3）。
- 如果 $x = d$，需要提问 3 次（问题 1，问题 2，问题 3）。

因此,确定 x 取值的二元问题数量为

$$E(N)=\frac{1}{2}\times1+\frac{1}{4}\times2+\frac{1}{8}\times3+\frac{1}{8}\times3=\frac{7}{4}$$

信息熵如下:

$$\frac{1}{2}\log_2 2+\frac{1}{4}\log_2 4+\frac{1}{8}\log_2 8+\frac{1}{8}\log_2 8=\frac{1}{2}+\frac{1}{2}+\frac{3}{8}+\frac{3}{8}=\frac{7}{4}$$

采用哈夫曼编码将 a、b、c、d 分别编码为 0、10、110、111,把最短的码 0 分配给发生概率最高的事件 a,以此类推,如图 8.3 所示。

4. 信息增益

决策树在划分数据集时选择信息熵变化最大的特征作为分类依据,也就是选择信息增益最大的特征作为分裂节点。不同的特征具有不同的信息增益,信息增益大的特征具有更强的分类能力。信息增益用 g 表示,其计算公式如下:

$$g(X,A)=H(X)-H(X\mid A)$$

其中,条件熵 $H(X\mid A)$ 是指在已知随机变量 A 的条件下 X 的不确定性。

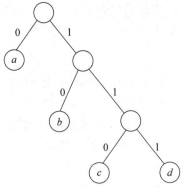

图 8.3 赌马比赛决策树的哈夫曼编码

8.2 决策树算法

决策树创建过程分为以下几步:

(1) 计算数据集划分前的信息熵。

(2) 遍历所有条件的特征,分别计算用每个特征划分数据集的信息熵。

(3) 选择信息增益最大的特征作为数据划分节点。

(4) 递归地处理被划分后的数据集,当满足信息增益的阈值时,结束递归。

决策树的典型算法有 ID3、C4.5 和 CART 等。

8.2.1 ID3 算法

ID3(Iterative Dichotomiser 3,迭代二叉树 3 代)是一种贪心算法,以信息论为基础,以信息熵和信息增益作为衡量标准,对数据进行分类。ID3 算法具有构建速度快、实现简单等优点。ID3 算法有如下缺点:

- 依赖于数目较多的特征。
- 不是递增算法。
- 不考虑特征属性之间的关系。
- 抗噪性差。
- 只适合小规模数据集。

8.2.2　C4.5 算法

C4.5 算法继承了 ID3 算法的优点,并在以下几方面进行了改进:
- 弥补了信息增益选择偏向取值多的特征的缺陷。
- 在决策树构造过程中进行剪枝操作。
- 能够对连续属性进行离散化处理。
- 能够对不完整数据进行处理。

C4.5 算法需对数据集进行多次顺序扫描和排序,因此该算法的效率较低。

8.2.3　CART 算法

ID3 算法和 C4.5 算法生成的决策树规模较大。为了提高生成决策树的效率,出现了 CART(Classification And Regression Tree,分类和回归树)算法。当叶子节点是连续型数据时,该决策树为回归树;当叶子节点是离散型数据时,该决策树为分类树。CART 根据基尼系数选择测试属性,数据集 D 的基尼系数 Gini(D)的计算公式如下:

$$\text{Gini}(D) = 1 - \sum_{k=1}^{|y|} p_k^2$$

Gini(D)反映了从数据集 D 中随机抽到两个不一致类别的样本的概率。Gini(D)越小,数据集 D 的纯度越高;反之,纯度越低。

ID3、C4.5 和 CART 这 3 种算法的比较如下:
- ID3 和 C4.5 算法均只适合在小规模数据集上使用。
- ID3 和 C4.5 算法构建的都是单变量决策树。
- 当属性值较多时,C4.5 算法效果较好,而 ID3 算法效果较差。
- 三者划分依据不同:ID3 为信息增益,C4.5 为信息增益率,CART 为基尼系数和均方差。
- CART 算法构建的决策树一定是二叉树,ID3 和 C4.5 构建的决策树不一定是二叉树。

ID3、C4.5 和 CART 的对比如表 8.2 所示。

表 8.2　ID3、C4.5 和 CART 的对比

算法	支持模型	树结构	特征选择	连续值处理	缺失值处理	剪枝	特征属性多次使用
ID3	分类	多叉树	信息增益	不支持	不支持	不支持	不支持
C4.5	分类	多叉树	信息增益率	支持	支持	支持	不支持
CART	分类、回归	二叉树	基尼系数、均方差	支持	支持	支持	支持

8.3　分类与回归

决策树描述的是通过一系列规则对数据进行分类的过程。决策树分为分类树和回归树两种，分类树的对离散变量进行决策，回归树用于对连续变量进行决策。

8.3.1　分类问题

Sklearn 提供了 DecisionTreeClassifier 函数用于分类变量，语法如下：

```
DecisionTreeClassifier(criterio, splitter, max_depth, min_samples_split)
```

参数说明如下：
- criterion：内置标准为 gini（基尼系数）或者 entropy（信息熵）。
- splitter：切割方法，如 splitter＝'best'。
- max_depth：决策树最大深度。
- min_samples_split：划分样本的最小数量。

8.3.2　回归问题

回归树在选择不同特征作为分裂节点的策略上与分类树相似。两者的不同之处在于，回归树的叶节点的数据类型不是离散型，而是连续型。回归树的叶节点是具体的值，从预测值连续这个意义上严格地讲，回归树不能称为回归算法。因为回归树的叶节点返回的是"一团"训练数据的均值，而不是具体的、连续的预测值。

Sklearn 提供了 DecisionTreeRegressor 函数用于连续变量，语法如下：

```
DecisionTreeRegressor (criterion, max_depth)
```

参数说明如下：
- criterion：使用'mse'（均方差）或者'mae'（平均绝对误差）。默认为'mse'。
- max_depth：决策树深度。

8.3.3　max_depth 参数调优

决策树的最大深度（max_depth）用于停止运算。当 max_depth 的取值不同时，分类的效果差距较大。

【例 8.3】 max_depth 参数调优示例。

```
import numpy as np
import matplotlib.pyplot as plt
from matplotlib.colors import ListedColormap
from sklearn import tree, datasets
```

```
from sklearn.model_selection import train_test_split
wine=datasets.load_wine()
x=wine.data[:,:2]
y=wine.target
x_train, x_test, y_train, y_test=train_test_split(x, y)
#clf=tree.DecisionTreeClassifier(max_depth=1)
#clf=tree.DecisionTreeClassifier(max_depth=3)
clf=tree.DecisionTreeClassifier(max_depth=5)
clf.fit(x_train, y_train)
#print("max_depth=1:\n",clf.score(x_test, y_test))
#print("max_depth=3:\n",clf.score(x_test, y_test))
print("max_depth=5:\n",clf.score(x_test, y_test))
#定义图像中分区的颜色和散点的颜色
cmap_light=ListedColormap(['#FFAAAA', '#AAFFAA', '#AAAAFF'])
cmap_bold=ListedColormap(['#FF0000', '#00FF00', '#0000FF'])
#分别用样本的两个特征值创建图像的横轴和纵轴
x_min, x_max=x_train[:, 0].min()-1, x_train[:, 0].max()+1
y_min, y_max=x_train[:, 1].min()-1, x_train[:, 1].max()+1
xx, yy=np.meshgrid(np.arange(x_min, x_max, .02), np.arange(y_min, y_max, .02))
z=clf.predict(np.c_[xx.ravel(), yy.ravel()])
#给每个分类中的样本分配不同的颜色
z=z.reshape(xx.shape)
plt.figure()
plt.pcolormesh(xx, yy, z, cmap=cmap_light)
#用散点图表示样本
plt.scatter(x[:, 0], x[:, 1], c=y, cmap=cmap_bold, edgecolor='k', s=20)
plt.xlim(xx.min(), xx.max())
plt.ylim(yy.min(), yy.max())
#plt.title("Classifier:(max_depth=1)")
#plt.title("Classifier:(max_depth=3)")
plt.title("Classifier:(max_depth=5)")
plt.show()
```

【程序运行结果】

```
max_depth=1:
 0.6666666666666666
```

程序运行结果如图 8.4 所示。

```
max_depth=3:
 0.7777777777777778
```

程序运行结果如图 8.5 所示。

```
max_depth=5:
 0.8666666666666667
```

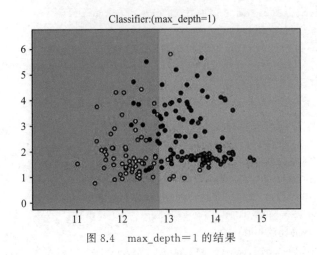

图 8.4　max_depth＝1 的结果

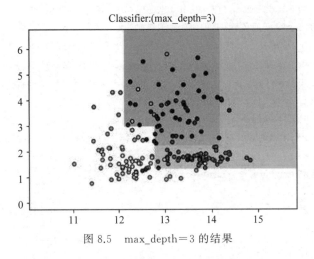

图 8.5　max_depth＝3 的结果

程序运行结果如图 8.6 所示。

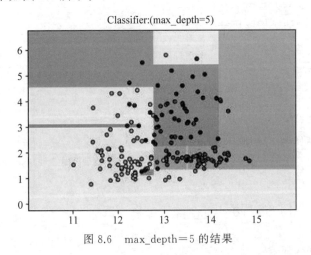

图 8.6　max_depth＝5 的结果

【程序运行结果分析】

当 max_depth=1 时,分类器只能识别两类;当 max_depth=3 时,分类器能够进行 3 类的识别,而且大部分数据点进入了正确的分类;当 max_depth=5 时,分类器能够将每一个数据点放到正确的分类中。

```
#决策树可视化,保存成 dot 文件
with open("d:\out.dot", 'w') as f:
    f=tree.export_graphviz(clf, out_file=f, class_names=wine.target_names,
        feature_names=wine.feature_names[:2], impurity=False, filled=True)
```

程序运行结果如图 8.7 所示。

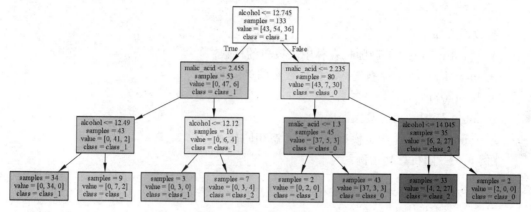

图 8.7 决策树可视化结果

【程序运行结果分析】

从决策树的根开始,第一个条件是 alcohol<=12.745,samples=133 是指在根节点上有 133 个样本。value=[43,54,36]是指 133 个样本中的 43 个属于 class_0,54 个属于 class_1,36 个属于 class_2。当 alcohol<=12.745 为 True 时,决策树的分类结果为 class_1;当 alcohol<=12.745 为 False 时,决策树的分类结果为 class_0。在下一层,判断为 class_1 的样本有 53 个,判断为 class_0 的样本有 80 个。如此进行下去,完成数据点分类。

8.4 集成分类模型

集成分类模型通过综合多个分类器的预测结果作出决策,可分为投票式和顺序式两种模型。

- 投票式模型是指平行训练多个机器学习模型,以对每个模型的输出进行投票的方式,按少数服从多数的原则作出最终的分类决策。投票式模型的代表是随机森林。
- 顺序式模型是按顺序搭建多个模型,模型之间存在依赖关系,最终整合模型。梯度上升决策树就是顺序式模型的代表。

8.4.1　随机森林

随机森林(random forest)用于解决决策树出现的过拟合问题,该模型将多棵决策树集成起来,对所有决策树的预测结果进行平均。随机森林不但具有决策树的效率,而且可以降低过拟合的风险。

Sklearn.ensemble 模块提供了 RandomForestClassifier 函数实现随机森林,语法如下:

```
RandomForestClassifier(n_estimators, max_features, bootstrap, max_depth,
random_state)
```

参数说明如下:

- n_estimators:控制随机森林中决策树的棵数。
- max_features:控制选择的特征数量的最大值。
- bootstrap:有放回的抽样。
- max_depth:树的最大深度。
- random_state:确定模型的随机状态相同与否。

【例 8.4】　随机森林示例。

```
from sklearn.ensemble import RandomForestClassifier
from sklearn import datasets
from sklearn.model_selection import train_test_split
import numpy as np
import matplotlib.pyplot as plt
from matplotlib.colors import ListedColormap
wine=datasets.load_wine()
X=wine.data[:,:2]
y=wine.target
X_train, X_test, y_train, y_test=train_test_split(X,y)
forest=RandomForestClassifier(n_estimators=6, max_features='auto',
bootstrap=True, random_state=3)
forest.fit(X_train, y_train)
#定义图像中分区的颜色和散点的颜色
cmap_light=ListedColormap(['#FFAAAA', '#AAFFAA', '#AAAAFF'])
cmap_bold=ListedColormap(['#FF0000', '#00FF00', '#0000FF'])
#分别用样本的两个特征值创建图像的横轴和纵轴
x_min, x_max=X_train[:, 0].min()-1, X_train[:, 0].max()+1
y_min, y_max=X_train[:, 1].min()-1, X_train[:, 1].max()+1
xx, yy=np.meshgrid(np.arange(x_min, x_max, .02), np.arange(y_min, y_max, .02))
Z=forest.predict(np.c_[xx.ravel(), yy.ravel()])
#给每个分类中的样本分配不同的颜色
```

```
Z=Z.reshape(xx.shape)
plt.figure()
plt.pcolormesh(xx, yy, Z, cmap=cmap_light)
#用散点图表示样本
plt.scatter(X[:, 0], X[:, 1], c=y, cmap=cmap_bold, edgecolor='k', s=20)
plt.xlim(xx.min(), xx.max())
plt.ylim(yy.min(), yy.max())
plt.title("Classifier:RandomForest")
plt.show()
```

【程序运行结果】

程序运行结果如图 8.8 所示。

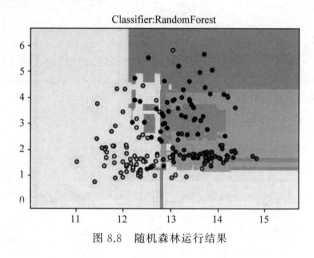

图 8.8　随机森林运行结果

8.4.2　梯度提升决策树

梯度提升决策树(gradient tree boosting)是指按照一定次序搭建多个分类模型,各模型相互依赖,构建出分类能力更强的模型。与构建随机森林分类器模型不同,梯度提升决策树在生成的过程中会尽可能降低集成模型在训练集上的拟合误差。

Sklearn 提供了 GradientBoostingClassifier 函数用于梯度提升决策树,语法如下:

```
GradientBoostingClassifier(n_estimators, max_features, random_state)
```

参数说明如下:

- n_estimators:控制梯度提升决策树中分类模型的个数。
- max_features:控制选择的特征数量的最大值。
- random_state:确定模型的随机状态相同与否。

【例 8.5】　梯度提升决策树示例。

#导入泰坦尼克号遇难者数据集

```
import pandas as pd
titan=pd.read_csv("http://biostat.mc.vanderbilt.edu/wiki/pub/Main/DataSets/
titanic.txt")
```

【程序运行结果】

```
   row.names  pclass  survived  \
0          1     1st         1
1          2     1st         0
2          3     1st         0
3          4     1st         0
4          5     1st         1


                                       name      age     embarked  \
0               Allen, Miss Elisabeth Walton  29.0000  Southampton
1                 Allison, Miss Helen Loraine   2.0000  Southampton
2        Allison, Mr Hudson Joshua Creighton  30.0000  Southampton
3  Allison, Mrs Hudson J.C. (Bessie Waldo Daniels)  25.0000  Southampton
4            Allison, Master Hudson Trevor   0.9167  Southampton


              home.dest  room      ticket  boat     sex
0             St Louis, MO   B-5  24160 L221     2  female
1  Montreal, PQ / Chesterville, ON   C26      NaN   NaN  female
2  Montreal, PQ / Chesterville, ON   C26      NaN  (135)    male
3  Montreal, PQ / Chesterville, ON   C26      NaN   NaN  female
4  Montreal, PQ / Chesterville, ON   C22      NaN    11    male
```

以下进行数据预处理。

（1）选取特征。

```
x=titan[['pclass','age',"sex"]]
y=titan['survived']
print(x.info())
```

【程序运行结果】

```
<class 'pandas.core.frame.DataFrame'>
RangeIndex: 1313 entries, 0 to 1312
Data columns (total 3 columns):
pclass  1313  non-null  object
age      633  non-null  float64
sex     1313  non-null  object
dtypes: float64(1), object(2)
memory usage: 30.9+KB
None
```

（2）缺失数据处理。

```
x.fillna(x['age'].mean(), inplace=True)
print(x.info())
```

【程序运行结果】

```
<class 'pandas.core.frame.DataFrame'>
RangeIndex: 1313 entries, 0 to 1312
Data columns (total 3 columns):
pclass      1313 non-null object
age         1313 non-null float64
sex         1313 non-null object
dtypes: float64(1), object(2)
```

（3）划分数据集。

```
from sklearn.model_selection import train_test_split
X_train, x_test, y_train, y_test=train_test_split(x, y, test_size=0.25, random
_state=1)
print(x_train.shape, x_test.shape)
```

【程序运行结果】

```
(984, 3) (329, 3)
```

（4）特征向量化。

```
from sklearn.feature_extraction import DictVectorizer
vec=DictVectorizer(sparse=False)
x_train=vec.fit_transform(x_train.to_dict(orient='record'))
x_test=vec.transform(x_test.to_dict(orient='record'))
print(vec.feature_names_)
```

【程序运行结果】

```
['age', 'pclass=1st', 'pclass=2nd', 'pclass=3rd', 'sex=female', 'sex=male']
```

以下代码是随机森林算法模型：

```
from sklearn.ensemble import RandomForestClassifier
rfc=RandomForestClassifier()
rfc.fit(x_train, y_train)
RandomForestClassifier(bootstrap=True, class_weight=None, criterion='gini',
                       max_depth=None, max_features='auto', max_leaf_nodes=None,
                       min_impurity_decrease=0.0, min_impurity_split=None,
                       min_samples_leaf=1, min_samples_split=2,
                       min_weight_fraction_leaf=0.0, n_estimators=10, n_jobs=1,
                       oob_score=False, random_state=None, verbose=0,
                       warm_start=False)
```

```
print(rfc.score(x_test, y_test))
from sklearn.metrics import classification_report
rfc_pre=rfc.predict(x_test)
print(classification_report(rfc_pre, y_test))
```

【程序运行结果】

```
0.8358662613981763
              precision    recall  f1-score   support
           0       0.91      0.82      0.86       219
           1       0.70      0.84      0.76       110
    accuracy                           0.83       329
   macro avg       0.81      0.83      0.81       329
weighted avg       0.84      0.83      0.83       329
```

以下代码是梯度提升决策树算法模型：

```
from sklearn.ensemble import GradientBoostingClassifier
gbc=GradientBoostingClassifier()
gbc.fit(x_train, y_train)
GradientBoostingClassifier(criterion='friedman_mse', init=None,
                    learning_rate=0.1, loss='deviance', max_depth=3,
                    max_features=None, max_leaf_nodes=None,
                    min_impurity_decrease=0.0, min_impurity_split=None,
                    min_samples_leaf=1, min_samples_split=2,
                    min_weight_fraction_leaf=0.0, n_estimators=100,
                    presort='auto', random_state=None, subsample=1.0,
                    verbose=0,
                    warm_start=False)
print(gbc.score(x_test, y_test))
from sklearn.metrics import classification_report
print(classification_report(gbc.predict(x_test), y_test))
```

【程序运行结果】

```
0.8237082066869301
              precision    recall  f1-score   support
           0       0.92      0.81      0.86       224
           1       0.68      0.85      0.75       105
    accuracy                           0.82       329
   macro avg       0.80      0.83      0.81       329
weighted avg       0.84      0.82      0.83       329
```

【程序运行结果分析】

在相同的训练集和测试集条件下，仅采用各模型的默认配置，预测性能由高到低依次为梯度提升决策树、随机森林分类器、决策树。

8.5 Graphviz 与 DOT

8.5.1 Graphviz

Graphviz 是一款来自 AT&T Research 实验室和 Lucent Bell 实验室的开源的可视化图形工具，可以绘制结构化的图形网络，支持多种格式输出。Graphviz 将 Python 代码生成的 dot 脚本解析为树状图。

Graphviz 的安装及配置步骤如下：

步骤 1：访问网址 http://www.graphviz.org/，下载 Graphviz 软件安装包 graphviz-2.38.msi，如图 8.9 所示。

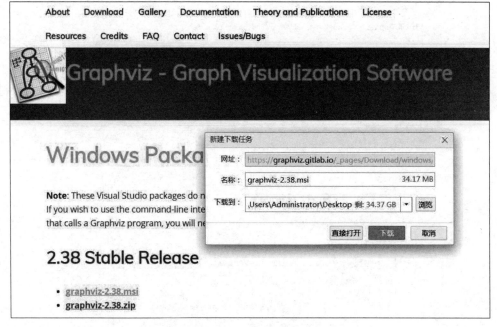

图 8.9　在 Graphviz 主页下载软件安装包

双击该安装包，运行安装程序，将 Graphviz 安装到 C:\Graphviz2.38 目录，如图 8.10 所示。

步骤 2：将 bin 文件夹对应的路径加入 Windows 系统环境变量 PATH 中，如图 8.11 所示。

步骤 3：使用 pip 安装 graphviz，命令如下：

```
pip install graphviz
```

安装过程中的显示如图 8.12 所示。

图 8.10　Graphviz 安装程序

图 8.11　配置 PATH 变量

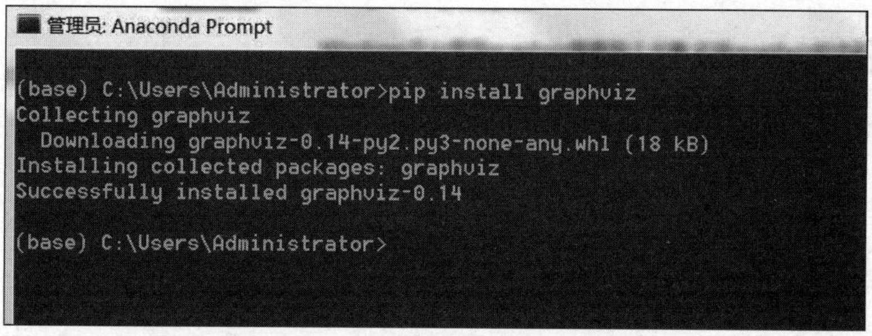

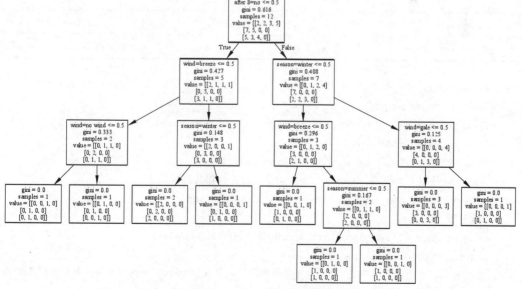

图 8.12　使用 pip 安装 Graphviz 过程中的显示

8.5.2　DOT

DOT 是一种文本图形描述语言,用于描述图表的组成元素及其关系。DOT 文件通常以.gv 或.dot 为扩展名。DOT 与 Graphviz 的关系可以类比 HTML 和浏览器的关系。

打开 cmd 窗口,进入 out.dot 所在目录,此处为 D 盘根目录,运行 dot 命令,如图 8.13 所示。

```
dot out.dot -T pdf -o out.pdf
```

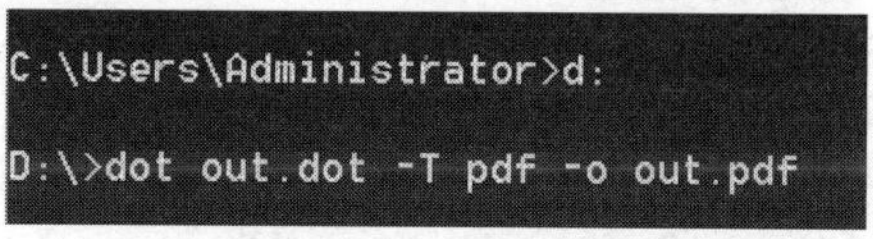

图 8.13　运行 dot 命令

在 d:\下就会出现 out.pdf 文件,内容如图 8.14 所示。

图 8.14　out.pdf 文件的内容

8.6 案例

8.6.1 决定是否赖床

【例 8.6】 决策树应用于是否赖床问题。

采用决策树进行分类,要经过数据采集、特征向量化、模型训练和决策树可视化 4 个步骤。

赖床数据有"季节""是否已过 8:00""风力"3 个特征,预测"是否赖床",将其存储为 CSV 文件,保存为 d:\ laichuang.csv,如表 8.3 所示。

表 8.3　赖床数据文件

季　节	是否已过 8:00	风 力 情 况	是 否 赖 床
spring	no	breeze	yes
winter	no	no wind	yes
autumn	yes	breeze	yes
winter	no	no wind	yes
summer	no	breeze	yes
winter	yes	breeze	yes
winter	no	gale	yes
winter	no	no wind	yes
spring	yes	no wind	no
summer	yes	gale	no
summer	no	gale	no
autumn	yes	breeze	no

```
#特征向量化
import pandas as pd
from sklearn.feature_extraction import DictVectorizer
from sklearn import tree
from sklearn.model_selection import train_test_split
#Pandas 读取 CSV 文件,header=None 表示不将首行作为列标签
data=pd.read_csv('D:/laichuang.csv', header=None)
#指定列
data.columns=['season', 'after 8:00', 'wind', 'lay bed']
vec=DictVectorizer(sparse=False)
                          #对字典进行向量化。sparse=False 表示不产生稀疏矩阵
feature=data[['season', 'after 8:00', 'wind']]
```

```
x_train=vec.fit_transform(feature.to_dict(orient='record'))
#打印各个变量
print('show feature\n', feature)
print('show vector\n', x_train)
print('show vector name\n', vec.get_feature_names())
```

【程序运行结果如下】

```
show feature
     season   after 8:00    wind
 0   spring       no      breeze
 1   winter       no      no wind
 2   autumn      yes      breeze
 3   winter       no      no wind
 4   summer       no      breeze
 5   winter      yes      breeze
 6   winter       no        gale
 7   winter       no      no wind
 8   spring      yes      no wind
 9   summer      yes        gale
10   summer       no        gale
11   autumn      yes      breeze
show vector
 [[1.  0.  0.  1.  0.  0.  1.  0.  0.]
  [1.  0.  0.  0.  0.  1.  0.  0.  1.]
  [0.  1.  1.  0.  0.  0.  1.  0.  0.]
  [1.  0.  0.  0.  0.  1.  0.  0.  1.]
  [1.  0.  0.  0.  1.  0.  1.  0.  0.]
  [0.  1.  0.  0.  0.  1.  1.  0.  0.]
  [1.  0.  0.  0.  0.  1.  0.  1.  0.]
  [1.  0.  0.  0.  0.  1.  0.  0.  1.]
  [0.  1.  0.  1.  0.  0.  0.  0.  1.]
  [0.  1.  0.  1.  0.  0.  0.  1.  0.]
  [1.  0.  0.  0.  1.  0.  0.  1.  0.]
  [0.  1.  1.  0.  0.  0.  1.  0.  0.]]
show vector name
 ['after 8:00=no', 'after 8:00=yes', 'season=spring', 'season=summer',
'season=autumn', 'season=winter', 'wind=no wind', 'wind=breeze', 'wind=gale']
#模型训练,可以通过 get_feature_names 方法查看属性值
#划分成数据集
train_x, test_x, train_y, test_y=train_test_split(x_train, feature,
                  test_size=0.3)
#训练决策树
clf=tree.DecisionTreeClassifier(criterion='gini')
clf.fit(x_train, feature)
```

```
#决策树可视化,保存成 DOT 文件
with open("d:\out.dot", 'w') as f:
    f=tree.export_graphviz(clf, out_file=f,
                    feature_names=vec.get_feature_names())
```

8.6.2 波士顿房价

【例 8.7】 决策树应用于波士顿房价问题。

```
#数据采集
from sklearn.datasets import load_boston
from sklearn.model_selection import train_test_split
from sklearn.preprocessing import StandardScaler
from sklearn.tree import DecisionTreeRegressor
from sklearn.metrics import r2_score, mean_squared_error, mean_absolute_error
#读取波士顿地区房价信息
boston=load_boston()
#查看数据描述,共 506 条波士顿地区房价信息,每条包括 13 项数值特征描述和目标房价
#print(boston.DESCR)
#查看数据的差异情况
#print("最大房价:", np.max(boston.target))          #50
#print("最小房价:",np.min(boston.target))           #5
#print("平均房价:", np.mean(boston.target))         #22.532806324110677
x=boston.data
y=boston.target
#数据集拆分,分割训练数据和测试数据,随机采样,25%用于测试,75%用于训练
x_train, x_test, y_train, y_test=train_test_split(x, y, test_size=0.25,
                    random_state=33)
#特征预处理,对训练数据和测试数据进行标准化处理
ss_x=StandardScaler()
x_train=ss_x.fit_transform(x_train)
x_test=ss_x.transform(x_test)
ss_y=StandardScaler()
y_train=ss_y.fit_transform(y_train.reshape(-1, 1))
y_test=ss_y.transform(y_test.reshape(-1, 1))
#使用回归树进行训练和预测,初始化 KNN 回归模型,使用平均回归算法进行预测
dtr=DecisionTreeRegressor()
#训练
dtr.fit(x_train, y_train)
#预测,保存预测结果
dtr_y_predict=dtr.predict(x_test)
#模型评估
print("回归树的默认评估值为:", dtr.score(x_test, y_test))
```

```
print("回归树的 R_squared 值为:", r2_score(y_test, dtr_y_predict))
print("回归树的均方误差为:", mean_squared_error(ss_y.inverse_transform(y_test),
                ss_y.inverse_transform(dtr_y_predict)))
print("回归树的平均绝对误差为:", mean_absolute_error(ss_y.inverse_transform(y_test),
                ss_y.inverse_transform(dtr_y_predict)))
```

【程序运行结果】

回归树的默认评估值为: 0.7066505912533438
回归树的 R_squared 值为: 0.7066505912533438
回归树的均方误差为: 22.746692913385836
回归树的平均绝对误差为: 3.08740157480315

第 9 章 线 性 模 型

线性模型是在实践中广泛应用的一种模型,它利用输入特征的线性函数进行预测。本章介绍线性回归和逻辑回归,重点介绍最小二乘法,讲解正规方程和梯度下降两种优化方法,最后介绍岭回归。

9.1 线性回归

9.1.1 线性回归简介

在机器学习领域,常见的线性模型有线性回归、逻辑回归、岭回归等。其中,线性回归是利用数理统计中的回归分析来确定两种或两种以上变量相互依赖的定量关系的一种统计分析方法。线性回归有简单线性回归和多元线性回归两个主要类型。简单线性回归使用一个自变量通过拟合最佳线性关系来预测因变量的变化情况,因变量和自变量的关系用一条直线表示,其数学表达式如下:

$$y = wx + b$$

其中,w 是直线的斜率,b 是截距。

多元线性回归使用多个自变量通过拟合最佳线性关系来预测因变量的变化趋势,其数学表达式如下:

$$h(w) = w_1 x_1 + w_2 x_2 + w_3 x_3 + \cdots + b$$

9.1.2 简单线性回归实现

【例 9.1】 绘制经过两个点的直线并输出其方程。

```
#两个点的坐标是(1,3)和(4,5),绘制一条经过这两个点的直线,并输出其方程
import numpy as np
import matplotlib.pyplot as plt
from sklearn.linear_model import LinearRegression
x=[[1],[4]]
y=[3,5]
lr=LinearRegression().fit(X,y)
z=np.linspace(0,5,20)
plt.scatter(x, y, s=80)
plt.plot(z, lr.predict(z.reshape(-1, 1)), c='k')
plt.title('Straight Line')
plt.show()
```

```
print("直线方程是:")
print('y={:.3f}'.format(lr.coef_[0]),'x', '+{:.3f}'.format(lr.intercept_))
#coef_o 为回归系数(斜率),intercept_为截距
```

【程序运行结果】

直线方程是:

y=0.667 x+2.333

程序运行结果如图 9.1 所示。

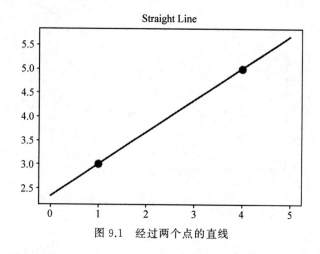

图 9.1 经过两个点的直线

【程序代码分析】

采用 Matplotlib 绘制经过两个点的直线。

经过两个点的直线采用 linear_model 模块的 LinearRegression 函数绘制,具体语法如下:

```
sklearn.linear_model.LinearRegression(fit_intercept=True)
```

参数 fit_intercept 表示是否计算截距,默认为 True。

【例 9.2】 绘制 3 个点确定的直线并输出其方程。

```
#增加一个点,坐标为(3,3)
import numpy as np
import matplotlib.pyplot as plt
from sklearn.linear_model import LinearRegression
x=[[1], [4], [3]]
y=[3, 5, 3]
lr=LinearRegression().fit(x, y)
z=np.linspace(0, 5, 20)
plt.scatter(x, y, s=80)
plt.plot(z, lr.predict(z.reshape(-1, 1)), c='k')
plt.title('Straight Line')
plt.show()
```

```
print("直线方程是:")
print('y={:.3f}'.format(lr.coef_[0]), 'x', '+{:.3f}'.format(lr.intercept_))
```

【程序运行结果】

直线方程是:y=0.571 x+2.143

程序运行结果如图 9.2 所示。

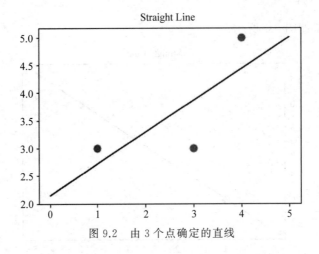

图 9.2　由 3 个点确定的直线

【程序运行结果分析】

由于 3 个点不在同一条直线上,故直线没有经过 3 个点中的任何一个点,而是与 3 个点的距离之和最小。本例试图找到一条直线,使得给定的 3 个点到该直线的欧几里得距离之和最小,这就是线性回归模型的原理。当自变量(特征)只有一个时,特征与目标值的关系用直线表示,如图 9.3 所示,此时为一元线性回归。

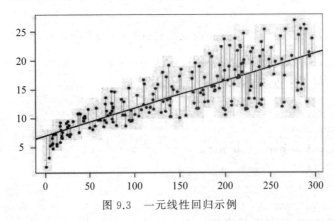

图 9.3　一元线性回归示例

当自变量(特征)为两个时,特征与目标值的关系用平面表示,如图 9.4 所示,此时为二元线性回归。

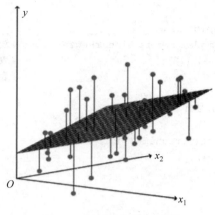

图 9.4 二元线性回归示例

9.2 最小二乘法

9.2.1 最小二乘法简介

最小二乘法(least square method)也称最小平方法,是回归分析中最简单、最经典的线性模型,是基于均方误差最小化的模型求解方法。

最小二乘法的数学公式如下:

$$J(w) = \sum_{i=1}^{n} (h(x_i) - y_i)^2$$

参数说明如下:

- y_i:第 i 个训练样本的真实值。
- $h(x_i)$:第 i 个训练样本特征值组合预测函数。

9.2.2 比萨价格

【例 9.3】 线性回归应用于比萨价格预测。

已知比萨的价格和直径的关系如表 9.1 所示,要求预测直径为 12 英寸的比萨价格。

表 9.1 比萨的价格和直径的关系

直径/英寸	价格/元
6	7.0
8	9.0
10	13.0
14	17.5
18	18.0

```
import numpy as np
import matplotlib.pyplot as plt
from sklearn.linear_model import LinearRegression    #线性回归
X=[[6], [8], [10], [14], [18]]                        #表示比萨直径
y=[7, 9, 13, 17.5, 18]                                #表示比萨价格
lr=LinearRegression().fit(X, y)
z=np.linspace(-3, 20, 10)
plt.scatter(x, y, s=50)
plt.plot(z, lr.predict(z.reshape(-1, 1)), c='k')
plt.axis([0, 20, 0, 20])
plt.xlabel('diameter')
plt.ylabel('money')
plt.grid(True)
plt.show()
print("直线方程是:")
print('y={:.3f}'.format(lr.coef_[0]),'x','+{:.3f}'.format(lr.intercept_))
a=lr.predict([[12]])                                  #预测直径为 12 英寸的比萨价格
print("预测 12 英寸比萨价格:{:.2f}".format(lr.predict([[12]])[0][0]))
```

【程序运行结果】

```
直线方程是:
y=0.976 x+1.966
预测 12 英寸比萨价格:13.68
```

程序运行结果如图 9.5 所示。

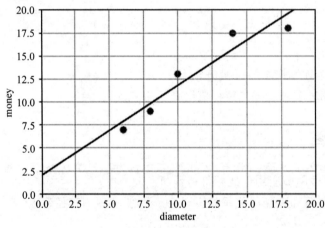

图 9.5　例 9.3 程序运行结果

9.3　逻辑回归

9.3.1　逻辑回归简介

逻辑回归(logistic regression)用于解决二分类问题,使用 Sigmoid 函数(S 形函数)进

行分类,将连续实数值转化为 0 或 1。Sigmoid 函数的公式如下:

$$S(x) = \frac{1}{1 + \mathrm{e}^{-x}}$$

单位阶跃函数与 Sigmoid 函数如图 9.6 所示。

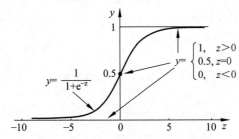

图 9.6　单位阶跃函数与 Sigmoid 函数

linear_model 模块提供了 LogisticRegression 函数用于实现逻辑回归,语法如下:

```
model=LogisticRegression(penalty='l2', C=1.0)
```

参数如下:
- penalty:使用指定正则化项,默认为 l2。
- C:正则化力度。其值越小。损失函数越小,正则化强度越大,模型对损失函数惩罚越严重。

9.3.2　乳腺癌

【例 9.4】　逻辑回归应用于乳腺癌预测。

```
from sklearn.linear_model import LogisticRegression
from sklearn.model_selection import train_test_split
from sklearn.preprocessing import StandardScaler
from sklearn.datasets import load_breast_cancer
breast_cancer=load_breast_cancer()
print("特征:\n", breast_cancer.data.shape)
#数据集划分
X_train, X_test, y_train, y_test=train_test_split(breast_cancer.data, breast_
cancer.target, random_state=33, test_size=0.25)
#特征工程,标准化
transfer=StandardScaler()
X_train=transfer.fit_transform(X_train)
X_test=transfer.transform(X_test)
#逻辑回归预估器,重要参数为 penalty 和 C
#max_iter 为梯度下降最大值
estimator=LogisticRegression(penalty='l2', solver='liblinear', C=0.5, max_
iter=1000)
```

```
estimator=estimator.fit(x_train, y_train)
#coef_可以查看每个特征对应的参数
print("逻辑回归——权重系数为:\n", estimator.coef_)
print("逻辑回归——偏置为:\n", estimator.intercept_)
#模型评估
#方法1:直接比对真实值和预测值
y_predict=estimator.predict(x_test)
print(y_predict)
print('比对真实值和预测值:\n', y_test==y_predict)
#方法2:计算准确率
score=estimator.score(x_test, y_test)          #测试集的特征值和目标值
print("准确率:\n", score)
```

【程序运行结果】

特征:

(569, 30)

逻辑回归——权重系数为:

```
[[-0.43147209  -0.32921128  -0.43085437  -0.49595885  -0.14835006   0.18327018
  -0.77055301  -0.76013496  -0.05878227   0.43596401  -0.57410624   0.40572669
  -0.32254677  -0.57496027  -0.26924174   0.41975189  -0.01616204   0.01284908
   0.08122628   0.42278804  -0.90362163  -1.15709504  -0.81378573  -0.88742593
  -0.72923963   0.03261772  -0.58376842  -0.83992562  -0.59107522  -0.15485685]]
```

逻辑回归—— 偏置为:

```
 [0.47378448]
```

```
[0 1 1 1 1 1 1 1 1 1 0 1 0 1 0 1 1 1 0 1 1 1 0 0 0 1 0 1 1 1 1 1 1 0 0
 1 1 0 1 1 1 1 1 1 1 0 1 1 1 1 0 1 1 0 0 1 0 1 1 1 1 0 1 1 1 0
 0 0 0 0 1 0 1 1 0 1 0 0 0 0 1 1 0 0 1 0 0 1 0 1 1 0 1 1 1 0 1 0 1 0 1
 0 1 0 1 1 0 1 0 0 1 0 1 1 0 0 1 1 0 1 1 1 1 1 1 0 1 0 1 1 1 0 0]
```

比对真实值和预测值:

```
[ True  True  True  True  True  True  True  True  True  True  True  True
  True  True  True  True  True  True  True  True  True  True  True  True
  True  True  True  True  True  True  True  True  True  True  True  True
  True  True  True  True  True  True  True  True  True  True  True  True
  True  True  True  True  True  True  True  True  True  True  True  True
  True  True  True  True  True  True  True False  True  True  True  True
  True  True  True  True  True  True  True  True  True  True  True  True
  True  True  True  True  True  True  True  True  True  True  True  True
  True  True  True  True  True  True False  True  True  True  True  True
  True  True  True  True  True  True  True  True  True  True  True  True
  True  True  True  True  True  True  True  True  True  True  True  True
  True  True  True  True  True  True  True  True  True  True  True]
```

准确率:

```
    0.986013986013986
```

9.4 优化方法

线性回归最小二乘法的两种求解方法(即优化方法)分别是正规方程和梯度下降。

9.4.1 正规方程

最小二乘法可以将误差方程转化为有确定解的代数方程组(其方程式数目正好等于未知数的个数),从而可求解出这些未知数。这个有确定解的代数方程组称为最小二乘法估计的正规方程(normal equation)。

正规方程法也称为解析法,采用 Sklearn 提供的 LinearRegression 函数实现。

【例 9.5】 用正规方程对美国波士顿地区房价进行预测。

```python
from sklearn.datasets import load_boston
from sklearn.model_selection import train_test_split
from sklearn.preprocessing import StandardScaler
from sklearn.linear_model import LinearRegression
from sklearn.metrics import mean_squared_error
def linear1():
    boston=load_boston()                              #读取房价数据并存储在变量 boston 中
    #随机抽取 25%的数据构建测试样本,其余作为训练样本
    X_train, X_test, y_train, y_test=train_test_split(boston.data, boston.
target, random_state=33, test_size=0.25)
    #从 sklearn.preprocessing 导入标准化模块
    transfer=StandardScaler()
    #分别对训练数据和测试数据的特征以及目标值进行标准化处理
    X_train=transfer.fit_transform(X_train)
    X_test=transfer.transform(X_test)
                                #从 sklearn.linear_model 导入 LinearRegresssion
    lr=LinearRegression()
    #使用训练数据进行参数估计
    lr.fit(X_train, y_train)                          #得出模型,输出回归系数(斜率)和偏置
    print("正规方程——权重系数为:\n", lr.coef_)
    print("正规方程——偏置为:\n", lr.intercept_)
    y_predict=lr.predict(X_test)
    error=mean_squared_error(y_test, y_predict)
    print("正规方程——均方误差为:\n", error)
    return None
if __name__=="__main__":
    linear1()
```

【程序运行结果】

正规方程——权重系数为:

```
[-1.06464112   1.21390195  0.10840335  0.83960341  -1.65332971  2.95982619
 -0.16553675  -3.09170086  2.48790752 -2.01910183  -1.88891446  0.51161118
 -3.77574302]
```

正规方程——偏置为:
```
22.92374670184701
```
正规方程——均方误差为:
```
25.13923652035345
```

9.4.2　梯度下降

梯度下降(gradient descent)主要用于多元线性回归算法,通过迭代找到目标函数的最小值,或者收敛到最小值。梯度下降法的思想可以类比为下山的过程。当一个人从山顶需要以最快速度下山时,每一刻都以当前所处的位置为基准,寻找从这个位置出发坡度最陡的方向下降。梯度下降法的原理如图 9.7 所示。

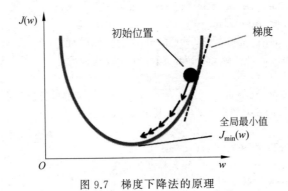

图 9.7　梯度下降法的原理

Sklearn 提供了 SGDRegressor 方法用于梯度下降,格式如下:

```
SGDRegressor(loss='squared_loss',  fit_intercept=True, learning_rate='invscaling')
```

参数说明如下:

- loss＝'squared_loss' : 损失函数是最小二乘法。
- fit_intercept : 是否计算截距,默认为 True。
- learning_rate＝'invscaling': 指定学习率,即下降的步长。

【例 9.6】　用梯度下降法对美国波士顿地区房价进行预测。

```
#从 sklearn.datasets 导入波士顿房价数据读取器
from sklearn.datasets import load_boston
from sklearn.model_selection import train_test_split
from sklearn.preprocessing import StandardScaler
from sklearn.linear_model import SGDRegressor
from sklearn.metrics import mean_squared_error
def linear2():
    #读取房价数据并存储在变量 boston 中
```

```
    boston=load_boston()
    #随机抽取25%的数据构建测试样本,其余作为训练样本
    X_train, X_test, y_train, y_test=train_test_split(boston.data, boston.
target, random_state=33, test_size=0.25)
    #从 sklearn.preprocessing 导入数据标准化模块
    transfer=StandardScaler()
    X_train=transfer.fit_transform(X_train)
    X_test=transfer.transform(X_test)
    #导入 SGDRegressor
    sgdr=SGDRegressor()
    #使用训练数据进行参数估计
    sgdr.fit(X_train, y_train)
    #得出模型,输出回归系数(斜率)和偏置
    print("梯度下降——权重系数为:\n", sgdr.coef_)
    print("梯度下降—— 偏置为:\n", sgdr.intercept_)
    y_predict=sgdr.predict(X_test)
    error=mean_squared_error(y_test, y_predict)
    print("梯度下降——均方误差为:\n", error)
    return None
if __name__=="__main__":
    linear2()
```

【程序运行结果】

梯度下降——权重系数为:
[-0.94893342 1.00802461 -0.14972329   0.89881761 -1.39710395 3.00702153
 -0.1385498 -2.87228342   1.69803102 -1.12330519 -1.83072337 0.48525711
 -3.75797021]
梯度下降——偏置为:
 [22.91970251]
梯度下降——均方误差为:
 25.283220689063757

【程序运行结果分析】

正规方程采用计算解析,梯度下降采用迭代求解。正规方程和梯度下降的对比如表9.2所示。

表 9.2 正规方程和梯度下降的对比

正 规 方 程	梯 度 下 降
不需要选择学习速率	需要选择学习速率
一次求导	需要多次迭代
当特征数量 $n<10\,000$ 时适用	当特征数量 $n\geqslant10\,000$ 时适用
只适用于线性模型,不适用于其他模型	适用于各种模型

9.5 岭回归

9.5.1 岭回归简介

岭回归又称为 L2 正则化。该方法保留全部特征变量,只降低特征变量的系数值,通过弱化参数之间的差异性来避免过拟合。其数学表达式如下:

$$J(w) = \frac{1}{2m} \sum_{i=1}^{m} (h_w(x_i) - y_i)^2 + \lambda \sum_{j=1}^{n} w_j^2$$

岭回归通过对回归系数施加惩罚来解决过拟合问题。具体来说,通过在最小二乘法项后增加 L2 范数(惩罚项系数)来控制线性模型的复杂程度,从而使模型更加稳健。另一种正则化称为 L1 正则化,又称为 Lasso 回归,它通过让参数向量中的许多特征趋近 0 使它们失去对优化目标的贡献,从此实现目标最小化。

Sklearn 提供了 Ridge 函数来实现岭回归,格式如下:

```
sklearn.linear_model.Ridge(alpha=1.0, fit_intercept=True, solver='auto',
normalize=False)
```

参数如下:
- alpha:正则化力度,即惩罚项系数。
- fit_intercept:是否增加偏置。
- solver:优化器。
- normalize:是否进行数据标准化。

属性如下:
- coef_:数组类型,用于权重向量。
- intercept_:截距。当 fit_intercept=False 时,该属性值为 0.0。

方法如下:
- fit(X,y):训练模型。
- get_params():获取此估计器的参数。
- predict(X):使用线性模型进行预测,返回预测值。
- score(X,y):返回预测性能的得分。
- set_params():设置此估计器的参数。

【例 9.7】 岭回归示例。

```
import numpy as np
import matplotlib.pyplot as plt
from sklearn import linear_model
#第一列为标签值,其他列为特征
data=[[83.0, 234.289, 235.6, 159.0, 107.608, 1947., 60.323],
      [88.5, 259.426, 232.5, 145.6, 108.632, 1948., 61.122],
      [88.2, 258.054, 368.2, 161.6, 109.773, 1949., 60.171],
```

```
                [89.5, 284.599, 335.1, 165.0, 110.929, 1950., 61.187],
                [96.2, 328.975, 209.9, 309.9, 112.075, 1951., 63.221],
                [98.1, 346.999, 193.2, 359.4, 113.27, 1952., 63.639],
                [99.0, 365.385, 187., 354.7, 115.094, 1953., 64.989],
                [100.0, 363.112, 357.8, 335.0, 116.219, 1954., 63.761],
                [101.2, 397.469, 290.4, 304.8, 117.388, 1955., 66.019],
                [104.6, 419.18, 282.2, 285.7, 118.734, 1956., 67.857],
                [108.4, 442.769, 293.6, 279.8, 120.445, 1957., 68.169],
                [110.8, 444.546, 468.1, 263.7, 121.95, 1958., 66.513],
                [112.6, 482.704, 381.3, 255.2, 123.366, 1959., 68.655],
                [114.2, 502.601, 393.1, 251.4, 125.368, 1960., 69.564],
                [115.7, 518.173, 480.6, 257.2, 127.852, 1961., 69.331],
                [116.9, 554.894, 400.7, 282.7, 130.081, 1962., 70.551]]
data=np.array(data)
X_data=data[:, 1:]
y_data=data[:, 0]
print(X_data)
print(y_data)
#岭回归模型
alpha=0.5
model=linear_model.Ridge(alpha)
model.fit(X_data, y_data)
#返回模型的估计系数
print(model.coef_)
#评分
model.score(X_data,y_data)
#创建模型,开始训练,生成 50 个 alpha 系数
alphas=np.linspace(0.001, 1, 50)
#RidgeCV 表示岭回归交叉检验,类似于留一交叉验证法
#它在训练时保留一个样本,用这个样本进行测试
cv_model=linear_model.RidgeCV(alphas, store_cv_values=True)
cv_model.fit(X_data, y_data)
#最佳的 alpha
best_alpha=cv_model.alpha_
print(best_alpha)
#交叉验证的结果
print(cv_model.cv_values_)
print(cv_model.cv_values_.shape)
#结果中(16, 50) 指数据被拆分为 16 份,做了 16 次训练和测试,每次训练集使用 15 份数据
#测试集使用 1 份数据,每次使用 50 个 alpha 值进行训练
#针对所有 alpha 值计算出的损失值
plt.plot(alphas, cv_model.cv_values_.mean(axis=0))
#最佳点
min_cost=min(cv_model.cv_values_.mean(axis=0))
```

```
plt.plot(best_alpha, min_cost, "rx")
plt.xlabel('alpha')
plt.ylabel('cost')
plt.show()
```

【程序运行结果】

程序运行结果如图 9.8 所示。

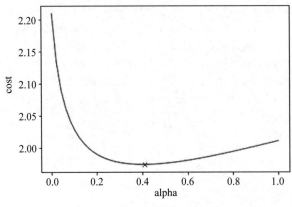

图 9.8　例 9.7 程序运行结果

9.5.2　alpha 参数

岭回归的 alpha 参数作为惩罚项的系数，对应于其他线性模型（如逻辑回归或 LinearSVC）中的 C 参数。下面通过调整 alpha 参数值分析线性模型的拟合程度。

【例 9.8】　调整 alpha 参数值

```
from sklearn.model_selection import train_test_split
from sklearn.datasets import load_diabetes
X, y=load_diabetes().data, load_diabetes().target
X_train, X_test, y_train, y_test=train_test_split(X, y, random_state=8)
from sklearn.linear_model import Ridge
ridge01=Ridge(alpha=0.1).fit(X_train, y_train)
print("alpha=0.1 时训练数据集得分:{:.2f}".format(ridge01.score(X_train, y_
train)))
print("alpha=0.1 时测试数据集得分:{:.2f}".format(ridge01.score(X_test, y_
test)))
ridge1=Ridge(alpha=1).fit(X_train, y_train)
print("alpha=1 时训练数据集得分:{:.2f}".format(ridge1.score(X_train, y_
train)))
print("alpha=1时测试数据集得分:{:.2f}".format(ridge1.score(X_test, y_test)))
ridge10=Ridge(alpha=10).fit(X_train, y_train)
print("alpha=10 时训练数据集得分:{:.2f}".format(ridge10.score(X_train, y_
```

```
train)))
print("alpha=10 时测试数据集得分:{:.2f}".format(ridge10.score(X_test, y_
test)))
```

【程序运行结果】

alpha=0.1 时训练数据集得分:0.52
alpha=0.1 时测试数据集得分:0.47
alpha=1 时训练数据集得分:0.43
alpha=1 时测试数据集得分:0.43
alpha=10 时训练数据集得分:0.15
alpha=10 时测试数据集得分:0.16

【程序运行结果分析】

将 alpha 的值从 0.1 提高到 10,模型得分大幅度降低,并且测试集得分超过训练集得分,说明模型出现过拟合。

9.6 案例

9.6.1 糖尿病

【例 9.9】 线性回归和岭回归应用于糖尿病预测。
线性回归代码如下:

```
from sklearn.model_selection import train_test_split
from sklearn.linear_model import LinearRegression
from sklearn.datasets import load_diabetes
X, y=load_diabetes().data, load_diabetes().target
X_train, X_test, y_train, y_test=train_test_split(X, y, random_state=8)
lr=LinearRegression().fit(X_train, y_train)
print("训练数据集得分:{:.2f}".format(lr.score(X_train, y_train)))
print("测试数据集得分:{:.2f}".format(lr.score(X_test, y_test)))
```

【程序运行结果】

训练数据集得分:0.53
测试数据集得分:0.46

岭回归代码如下:

```
from sklearn.model_selection import train_test_split
from sklearn.linear_model import Ridge
from sklearn.datasets import load_diabetes
X, y=load_diabetes().data, load_diabetes().target
X_train, X_test, y_train, y_test=train_test_split(X, y, random_state=8)
ridge=Ridge().fit(X_train, y_train)
```

```
print("训练数据集得分:{:.2f}".format(ridge.score(X_train, y_train)))
print("测试数据集得分:{:.2f}".format(ridge.score(X_test, y_test)))
```

【程序运行结果】

训练数据集得分:0.43
测试数据集得分:0.43

从以上运行结果可以看出,岭回归的训练数据集得分比线性回归的训练数据集得分低。

9.6.2 波士顿房价

【例 9.10】 最小二乘法和岭回归应用于波士顿房价预测。
最小二乘法代码如下:

```
from sklearn import datasets          #从 Sklearn 中导入数据集
import numpy as np
import matplotlib.pyplot as plt
boston=datasets.load_boston()         #波士顿房价数据集
#print boston.DESCR                    #查看该数据集属性
X=boston.data                         #数据有 506 条,每条数据有 13 个特征和一个真实值
y=boston.target
sampleRatio=0.5                       #划分训练集和测试集,各用一半数据
m=len(X)
sampleBoundary=int(m*sampleRatio)
myshuffle=list(range(m))              #range 返回序列
np.random.shuffle(myshuffle)          #shuffle 将序列内的元素全部随机排序
#分别取出训练集和测试集的数据
train_fea=X[myshuffle[sampleBoundary:]]   #前一半数据作为训练集
train_tar=y[myshuffle[sampleBoundary:]]
test_fea=X[myshuffle[:sampleBoundary]]    #后一半数据作为测试集
test_tar=y[myshuffle[:sampleBoundary]]
from sklearn import linear_model      #使用最小二乘线性回归进行拟合
lr=linear_model.LinearRegression()    #最小二乘线性
lr.fit(train_fea, train_tar)          #拟合
y=lr.predict(test_fea)                #得到预测值集合 y
plt.scatter(y,test_tar)               #画出散点图,横轴是预测值,纵轴是真实值
            #将实际房价数据与预测数据对比,接近中间直线的数据表示预测准确
plt.plot([y.min(), y.max()], [y.min(), y.max()], 'b',lw=5)
            #直线的起点为(y.min(), y.min()),终点是(y.max(), y.max())
plt.show()
coef=lr.coef_                         #获得该回该方程的回归系数与截距
intercept=lr.intercept_
print("预测方程回归系数:\n", coef)
print("预测方程截距:", intercept)
```

```
score=lr.score(test_fea, test_tar)          #对模型评分
print("对该模型的评分:%.5f" % score)
```

【程序运行结果】

预测方程回归系数:

```
[-6.31761285e-02   3.87857704e-02  -1.09089698e-02  -1.57060628e-01
 -1.12101912e+01   2.93454116e+00  -8.55252733e-04  -1.30399610e+00
  2.77149586e-01  -1.37861100e-02  -1.09116703e+00   1.17829595e-02
 -5.83591626e-01]
```
预测方程截距:41.51025789620913
对该模型的评分:0.69581

程序运行结果如图 9.9 所示。

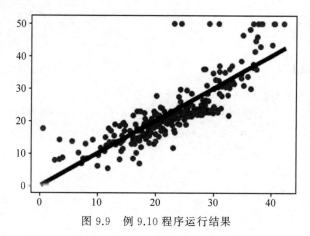

图 9.9　例 9.10 程序运行结果

【程序运行结果分析】

图 9.9 反映的是预测值与真实值的关系。在直线上的点预测准确,直线上方的点预测值偏低,直线下方的点预测值偏高。

岭回归代码如下:

```
from sklearn.datasets import load_boston
from sklearn.model_selection import train_test_split
from sklearn.preprocessing import StandardScaler
from sklearn.linear_model import Ridge
from sklearn.metrics import mean_squared_error
def linear3():
    #1.读取房价数据并存储在变量 boston 中
    boston=load_boston()
    #2.随机抽取 25%的数据构建测试样本,其余作为训练样本
    X_train, X_test, y_train, y_test=train_test_split(boston.data, boston.
target, random_state=33, test_size=0.25)
    #3.从 sklearn.preprocessing 导入数据标准化模块
    transfer=StandardScaler()
```

```
#分别对训练和测试数据的特征以及目标值进行标准化处理
X_train=transfer.fit_transform(X_train)
X_test=transfer.transform(X_test)
#4.预估器,从sklearn.linear_model导入Ridge
estimator=Ridge()
estimator.fit(X_train, y_train)
#得出模型,输出回归系数(斜率)和偏置
print("岭回归——权重系数为:\n", estimator.coef_)
print("岭回归——偏置为:\n", estimator.intercept_)
y_predict=estimator.predict(X_test)
error=mean_squared_error(y_test, y_predict)
print("岭回归均方误差为:\n", error)
return None
if __name__=="__main__":
    linear3()
```

【程序运行结果】

岭回归——权重系数为:

[-1.05387385   1.19367057   0.08001032   0.84311934   -1.6230697   2.96914486

  -0.16920436   -3.05659715   2.40621263   -1.94052965   -1.88212576   0.51087512

  -3.7619665]

岭回归——偏置为:

 22.92374670184701

岭回归均方误差为:

 25.127956848570854

9.6.3 鸢尾花

【例9.11】 逻辑回归应用于鸢尾花分类。

```
from sklearn.decomposition import PCA
from sklearn.datasets import load_iris
from sklearn.linear_model import LogisticRegression
import matplotlib.pyplot as plt
import numpy as np
plt.rcParams['font.sans-serif']=['SimHei']
plt.rcParams['font.family']='sans-serif'
plt.rcParams['axes.unicode_minus']=False
iris=load_iris()
iris_data=iris.data
iris_target=iris.target
print(iris_data.shape)
pca=PCA(n_components=2)                          #特征降维
```

```
X=pca.fit_transform(iris_data)
print(X.shape)
f=plt.figure()
ax=f.add_subplot(111)
ax.plot(X[:, 0][iris_target==0], X[:, 1][iris_target==0], 'bo')
ax.scatter(X[:, 0][iris_target==1], X[:, 1][iris_target==1], c='r')
ax.scatter(X[:, 0][iris_target==2], X[:, 1][iris_target==2], c='y')
ax.set_title('数据分布图')
plt.show()
clf=LogisticRegression(multi_class='ovr', solver='lbfgs', class_weight={0:
1, 1:1, 2:1})
clf.fit(X, iris_target)
score=clf.score(x, iris_target)
x0min, x0max=X[:, 0].min(), X[:, 0].max()
x1min, x1max=X[:, 1].min(), X[:, 1].max()
h=0.05
xx, yy=np.meshgrid(np.arange(x0min-1, x0max+1, h), np.arange(x1min-1, x1max+1, h))
x_=xx.reshape([xx.shape[0] * xx.shape[1], 1])
y_=yy.reshape([yy.shape[0] * yy.shape[1], 1])
test_x=np.c_[x_, y_]
test_predict=clf.predict(test_x)
z=test_predict.reshape(xx.shape)
plt.contourf(xx, yy, z, cmap=plt.cm.Paired)
plt.axis('tight')
colors='bry'
for i, color in zip(clf.classes_, colors):
    idx=np.where(iris_target==i)
    plt.scatter(X[idx, 0], X[idx, 1], c=color, cmap=plt.cm.Paired)
xmin,xmax=plt.xlim()
coef=clf.coef_
intercept=clf.intercept_
def line(c, x0):
    return (-coef[c,0] * x0-intercept[c])/coef[c, 1]
for i, color in zip(clf.classes_, colors):
    plt.plot([xmin, xmax], [line(i, xmin), line(i, xmax)], color=color, linestyle=
'--')
plt.title("score:{0}".format(score))
```

【程序运行结果】

```
(150, 4)
(150, 2)
```

程序运行结果如图 9.10 所示。

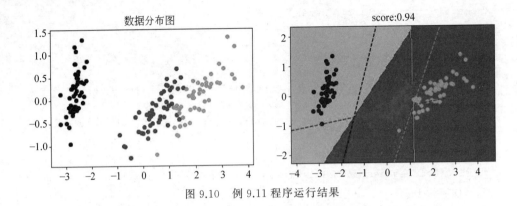

图 9.10　例 9.11 程序运行结果

第 10 章　朴素贝叶斯算法

朴素贝叶斯算法是一种基于贝叶斯理论的有监督学习算法。朴素是指样本特征之间是相互独立的。朴素贝叶斯算法有着坚实的数学基础和稳定的分类效率。本章重点介绍贝叶斯定理以及高斯分布、多项式分布和伯努利分布 3 种朴素贝叶斯分类方法,最后通过实例讲解朴素贝叶斯的应用。

10.1　初识朴素贝叶斯算法

朴素贝叶斯算法或朴素贝叶斯分类器(Naive Bayes Classifier,NBC)发源于古典数学理论,是基于贝叶斯理论与特征条件独立假设的分类方法,通过单独考量每一特征被分类的条件概率作出分类预测。

朴素贝叶斯算法具有如下优点:

(1) 有坚实的数学基础以及稳定的分类效率。

(2) 需要估计的参数很少,对缺失数据不太敏感,算法也比较简单。

朴素贝叶斯算法具有如下缺点:

(1) 必须知道先验概率,因此往往预测效果不佳。

(2) 对输入数据的数据类型较为敏感。

10.2　贝叶斯定理

条件概率(conditional probability)又称后验概率,$P(A \mid B)$ 是指事件 A 在事件 B 已经发生的条件下的发生概率,读作"在 B 条件下 A 的概率"。条件概率公式如下:

$$P(A \mid B) = \frac{P(A \bigcap B)}{P(B)}$$

其中,$P(A \bigcap B)$ 为事件 A、B 的联合概率,表示两个事件共同发生的概率。A 与 B 的联合概率也可以表示为 $P(A,B)$。$P(B)$ 为事件 B 发生的概率。因此

$$P(A \bigcap B) = P(A \mid B)P(B)$$
$$P(A \bigcap B) = P(B \mid A)P(A)$$

由此可得

$$P(A \mid B)P(B) = P(B \mid A)P(A)$$

由此推出贝叶斯公式:

$$P(A \mid B) = \frac{P(B \mid A)P(A)}{P(B)}$$

【例 10.1】 贝叶斯公式示例。

现有两个容器,容器一有 7 个红球和 3 个白球,容器二有 1 个红球和 9 个白球。现从两个容器里任取一个红球,红球来自容器一的概率是多少?

假设抽出红球为事件 B,选中容器一为事件 A,则有

$$P(B)=\frac{8}{20}, \quad P(A)=\frac{1}{2}, \quad P(B \mid A)=\frac{7}{10}$$

按照贝叶斯公式,则有

$$P(A \mid B)=\frac{P(B \mid A)P(A)}{P(B)}=\frac{\frac{7}{10} \times \frac{1}{2}}{\frac{8}{20}}=0.875$$

10.3 朴素贝叶斯分类方法

相对于决策树、KNN 之类的算法,朴素贝叶斯算法需要的参数较少,比较容易掌握。sklearn.naive_bayes 模块提供了 3 种朴素贝叶斯分类方法,分别是 GaussianNB 函数、MultinomialNB 函数和 BernoulliNB 函数。其中,GaussianNB 函数是高斯分布的朴素贝叶斯分类方法,MultinomialNB 函数是多项式分布的朴素贝叶斯分类方法,BernoulliNB 函数是伯努利分布的朴素贝叶斯分类方法。这 3 个类适用的分类场景各不相同,主要根据数据类型来选择,具体如下:

(1) GaussianNB 函数适合样本特征分布大部分是连续值的情况。

(2) MultinomialNB 函数适合非负离散数值特征的情况。

(3) BernoulliNB 函数适合二元离散值或者稀疏的多元离散值的情况。

10.3.1 GaussianNB 函数

Sklearn 提供了 GaussianNB 函数用于实现高斯分布,具体语法如下:

```
GaussianNB(priors=True)
```

GaussianNB 函数的主要参数仅有一个,即 priors(先验概率)。

【例 10.2】 GaussianNB 函数示例。

```
import numpy as np
from sklearn.datasets import make_blobs
from sklearn.naive_bayes import GaussianNB
import matplotlib.pyplot as plt
from sklearn.model_selection import train_test_split
X, y=make_blobs(n_samples=500, centers=5, random_state=8)
X_train, X_test, y_train, y_test=train_test_split(X, y, random_state=8)
gnb=GaussianNB()
gnb.fit(X_train, y_train)
```

```
print('模型得分:{:.3f}'.format(gnb.score(X_test, y_test)))

X_min, X_max=X[:, 0].min()-0.5, X[:, 0].max()+0.5
y_min, y_max=X[:, 1].min()-0.5, X[:, 1].max()+0.5
xx,yy=np.meshgrid(np.arange(X_min, X_max, .02), np.arange(y_min, y_max, .02))
z=gnb.predict(np.c_[(xx.ravel(), yy.ravel())]).reshape(xx.shape)
plt.pcolormesh(xx, yy, z, cmap=plt.cm.Pastel1)
plt.scatter(X_train[:, 0], X_train[:, 1], c=y_train, cmap=plt.cm.cool,
edgecolor='k')
plt.scatter(X_test[:, 0], X_test[:, 1], c=y_test, cmap=plt.cm.cool, marker='*',
edgecolor='k')
plt.xlim(xx.min(), xx.max())
plt.ylim(yy.min(), yy.max())
plt.title('Classifier: GaussianNB')
plt.show()
```

【程序运行结果】

模型得分:0.968

程序运行结果如图 10.1 所示。

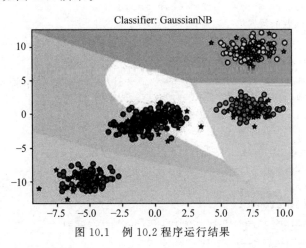

图 10.1　例 10.2 程序运行结果

10.3.2　MultinomialNB 函数

多项式分布的朴素贝叶斯分类方法假设特征由简单多项式分布生成,适用于描述特征次数或者特征次数比例的问题,例如文本分类的特征是单词出现次数。

Sklearn 提供了 MultinomialNB 函数用于实现多项式分布,具体语法如下:

```
MultinomialNB(alpha=1.0, fit_prior=True, class_prior=None)
```

MultinomialNB 函数的参数比 GaussianNB 函数多,3 个参数含义如下:

- alpha：先验平滑因子。默认为 1，表示拉普拉斯平滑。
- fit_prior：是否去学习类别的先验概率，默认为 True。
- class_prior：各个类别的先验概率。

【例 10.3】 MultinomialNB 函数示例。

```python
import numpy as np
import  matplotlib.pyplot as plt
from sklearn import datasets,naive_bayes
from sklearn.model_selection import train_test_split
def load_data():
    digits=datasets.load_digits()                     #加载 Sklearn 自带的 digits 数据集
     return train_test_split(digits.data, digits.target, test_size=0.25,
random_state=0, stratify=digits.target)
#多项式贝叶斯分类器 MultinomialNB 模型
def test_MultinomialNB(*data):
    X_train, X_test, y_train, y_test=data
    cls=naive_bayes.MultinomialNB()
    cls.fit(X_train, y_train)
    print('Training Score: %.2f' %cls.score(X_train, y_train))
    print('Testing Score: %.2f' %cls.score(X_test, y_test))
#产生用于分类问题的数据集
X_train, X_test, y_train, y_test=load_data()
#调用 test_GaussianNB
test_MultinomialNB(X_train, X_test, y_train, y_test)
#测试 MultinomialNB 的预测性能受 alpha 参数的影响
def test_MultinomialNB_alpha(*data):
    X_train, X_test, y_train, y_test=data
    alphas=np.logspace(-2, 5, num=200)
    train_scores=[]
    test_scores=[]
    for alpha in alphas:
        cls=naive_bayes.MultinomialNB(alpha=alpha)
        cls.fit(X_train, y_train)
        train_scores.append(cls.score(X_train, y_train))
        test_scores.append(cls.score(X_test, y_test))
    #绘图
    fig=plt.figure()
    ax=fig.add_subplot(1, 1, 1)
    ax.plot(alphas, train_scores, label="Training Score")
    ax.plot(alphas, test_scores, label="Testing Score")
    ax.set_xlabel(r"$\alpha$")
    ax.set_ylabel("score")
    ax.set_ylim(0, 1.0)
    ax.set_title("MultinomialNB")
```

```
        ax.set_xscale("log")
        plt.show()
#调用 test_MultinomialNB_alpha
test_MultinomialNB_alpha(X_train, X_test, y_train,y_test)
```

【程序运行结果】

```
Training Score: 0.91
Testing Score: 0.90
```

程序运行结果如图 10.2 所示。

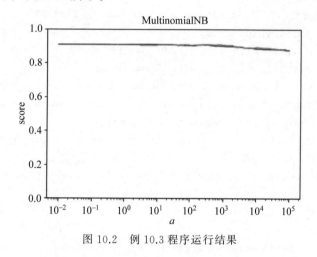

图 10.2　例 10.3 程序运行结果

10.3.3　BernoulliNB 函数

伯努利分布又名两点分布、二项分布或 0-1 分布,适用于数据集中每个特征只有 0 和 1 两个数值的情况。Sklearn 提供了 BernoulliNB 函数以实现伯努利分布,具体语法如下:

```
BernoulliNB(alpha=1.0, binarize=0.0, fit_prior=True, class_prior=None)
```

参数如下:
- alpha:平滑因子,与多项式中的 alpha 一致。
- binarize:样本特征二值化的阈值,默认是 0。如果不输入,模型认为所有特征都已经二值化;如果输入具体的值,模型把大于或等于该值的样本归为一类,小于该值的样本归为另一类。
- fit_prior:是否学习类别的先验概率,默认是 True。
- class_prior:各个类别的先验概率。如果没有指定,模型会根据数据自动学习。每个类别的先验概率相同,等于类标记总个数的倒数。

BernoulliNB 函数一共有 4 个参数,其中 3 个参数的名字和意义与 MultinomialNB 函数完全相同。唯一多出的参数是 binarize,用于处理二项分布。

【例 10.4】 BernoulliNB 函数示例。

```
import numpy as np
from sklearn.naive_bayes import BernoulliNB
from sklearn.datasets import make_blobs
from sklearn.model_selection import train_test_split
X, y=make_blobs(n_samples=500, centers=5, random_state=8)
X_train, X_test, y_train, y_test=train_test_split(X, y, random_state=8)
nb=BernoulliNB()
nb.fit(X_train, y_train)
print('模型得分:{:.3f}'.format(nb.score(X_test, y_test)))
import matplotlib.pyplot as plt
X_min, X_max=X[:,0].min()-0.5, X[:, 0].max()+0.5
y_min, y_max=X[:,1].min()-0.5, X[:, 1].max()+0.5
xx,yy=np.meshgrid(np.arange(x_min, x_max,.02), np.arange(y_min, y_max, .02))
z=nb.predict(np.c_[(xx.ravel(), yy.ravel())]).reshape(xx.shape)
plt.pcolormesh(xx, yy, z, cmap=plt.cm.Pastel1)
plt.scatter(X_train[:, 0], X_train[:, 1], c=y_train, cmap=plt.cm.cool,
edgecolor='k')
plt.scatter(X_test[:, 0], X_test[:, 1], c=y_test, cmap=plt.cm.cool,marker='*',
edgecolor='k')
plt.xlim(xx.min(), xx.max())
plt.ylim(yy.min(), yy.max())
plt.title('Classifier: BernoulliNB')
plt.show()
```

【程序运行结果】

模型得分:0.544

程序运行结果如图 10.3 所示。

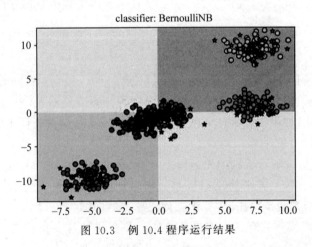

图 10.3 例 10.4 程序运行结果

【程序运行结果分析】

伯努利分布的朴素贝叶斯分类方法分别在横坐标为 0 和纵坐标为 0 的位置画了两条直线，从而将平面分为 4 个象限，对数据进行分类。

10.4 案例

10.4.1 鸢尾花

【例 10.5】 朴素贝叶斯分类方法应用于鸢尾花数据分类。

以下为使用 GaussianNB 函数的代码：

```
from sklearn.model_selection import cross_val_score      #交叉验证
from sklearn.naive_bayes import GaussianNB
from sklearn import datasets
iris=datasets.load_iris()
clf=GaussianNB()
clf=clf.fit(iris.data, iris.target)
y_pred=clf.predict(iris.data)
print("高斯分布的朴素贝叶斯分类。样本总数:%d;错误样本数:%d\n" %(iris.data.shape
[0], (iris.target!=y_pred).sum()))
scores=cross_val_score(clf,iris.data,iris.target,cv=10)
print("Accuracy:%.3f\n"%scores.mean())
```

【程序运行结果】

高斯分布的朴素贝叶斯分类。样本总数:150;错误样本数: 6
Accuracy:0.953

以下为使用 MultinomialNB 函数的代码：

```
from sklearn.model_selection import cross_val_score      #交叉验证
from sklearn.naive_bayes import MultinomialNB
from sklearn import datasets
iris=datasets.load_iris()
clf=MultinomialNB()
clf=clf.fit(iris.data, iris.target)
y_pred=clf.predict(iris.data)
print("多项式分布的朴素贝叶斯分类。样本总数:%d;错误样本数:%d\n" %(iris.data.
shape[0], (iris.target!=y_pred).sum()))
scores=cross_val_score(clf, iris.data, iris.target, cv=10)
print("Accuracy:%.3f\n"%scores.mean())
```

【程序运行结果】

多项式分布的朴素贝叶斯分类。样本总数:150;错误样本数: 7
Accuracy:0.953

以下为使用 BernoulliNB 函数的代码：

```
from sklearn.model_selection import cross_val_score        #交叉验证
from sklearn.naive_bayes import BernoulliNB
from sklearn import datasets
iris=datasets.load_iris()
clf=BernoulliNB()
clf=clf.fit(iris.data, iris.target)
y_pred=clf.predict(iris.data)
print("伯努利分布的朴素贝叶斯分类。样本总数:%d;错误样本数:%d\n" % (iris.data.
shape[0], (iris.target!=y_pred).sum()))
scores=cross_val_score(clf, iris.data, iris.target, cv=10)
print("Accuracy:%.3f\n"%scores.mean())
```

【程序运行结果】

伯努利分布的朴素贝叶斯分类。样本总数:150;错误样本数:100
Accuracy:0.333

10.4.2　新闻文本分类

【例 10.6】　新闻数据分类。

```
from sklearn.datasets import fetch_20newsgroups
from sklearn.model_selection import  train_test_split
from sklearn.feature_extraction.text import CountVectorizer
from sklearn.naive_bayes import MultinomialNB      #多项式分布的朴素贝叶斯分类方法
from sklearn.metrics import classification_report
#1. 数据获取
news=fetch_20newsgroups(subset='all')
print('输出数据的条数:', len(news.data))
#2. 数据预处理
#分割训练集和测试集,随机抽取 25%的数据样本作为测试集
X_train, X_test, y_train, y_test=train_test_split(news.data, news.target, test
_size=0.25, random_state=33)
#文本特征向量化
vec=CountVectorizer()
X_train=vec.fit_transform(X_train)
X_test=vec.transform(X_test)
#3. 使用多项式分布的朴素贝叶斯分类方法进行训练
mnb=MultinomialNB()
mnb.fit(X_train, y_train)                            #利用训练数据对模型参数进行估计
y_predict=mnb.predict(X_test)                       #对参数进行预测
#4. 获取结果报告
print('准确率:', mnb.score(X_test, y_test))
```

```
print(classification_report(y_test, y_predict, target_names=news.target_
names))
```

【程序运行结果】

输出数据的条数：18846
准确率：0.8397707979626485

	precision	recall	f1-score	support
alt.atheism	0.86	0.86	0.86	201
comp.graphics	0.59	0.86	0.70	250
comp.os.ms-windows.misc	0.89	0.10	0.17	248
comp.sys.ibm.pc.hardware	0.60	0.88	0.72	240
comp.sys.mac.hardware	0.93	0.78	0.85	242
comp.windows.x	0.82	0.84	0.83	263
misc.forsale	0.91	0.70	0.79	257
rec.autos	0.89	0.89	0.89	238
rec.motorcycles	0.98	0.92	0.95	276
rec.sport.baseball	0.98	0.91	0.95	251
rec.sport.hockey	0.93	0.99	0.96	233
sci.crypt	0.86	0.98	0.91	238
sci.electronics	0.85	0.88	0.86	249
sci.med	0.92	0.94	0.93	245
sci.space	0.89	0.96	0.92	221
soc.religion.christian	0.78	0.96	0.86	232
talk.politics.guns	0.88	0.96	0.92	251
talk.politics.mideast	0.90	0.98	0.94	231
talk.politics.misc	0.79	0.89	0.84	188
talk.religion.misc	0.93	0.44	0.60	158
accuracy			0.84	4712
macro avg	0.86	0.84	0.82	4712
weighted avg	0.86	0.84	0.82	4712

【程序运行结果分析】

多项式分布的朴素贝叶斯分类方法对 4712 条新闻文本进行分类，准确率约为 83.977%，平均精确率、召回率以及 F1 分数分别为 0.86、0.84 和 0.82。

第 11 章　支持向量机

在机器学习中,支持向量机是在分类与回归中分析数据的监督式学习算法。本章重点介绍支持向量机的相关内容,讲解支持向量机的 3 类核函数:线性核函数、多项式核函数和高斯核函数,以及如何调节 gamma 参数和惩罚系数 C,就回归问题进行讲解,最后给出相关的案例。

11.1　初识支持向量机

11.1.1　支持向量机简介

支持向量机(Support Vector Machine,SVM)的基本思想是在 N 维数据找到 $N-1$ 维的超平面(hyperplane)作为分类的决策边界。确定超平面的规则是:找到离超平面最近的那些点,使它们与超平面的距离尽可能远。在图 11.1 中,离超平面最近的实心点和空心点称为支持向量,超平面两侧的支持向量与超平面的距离之和称为间隔距离,即图 11.1 中的 $2/\|w\|$。间隔距离越大,分类的准确率越高。在图 11.1 中,两条虚线称为决策边界。

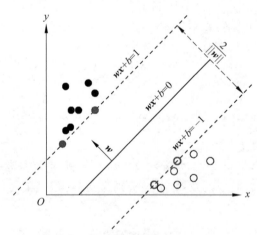

图 11.1　支持向量机的核心概念图示

超平面可以用如下的线性方程来描述:

$$wx + b = 0$$

其中,w 是超平面的法向量,定义了垂直于超平面的方向,b 用于平移超平面。

支持向量机之所以成为目前最常用、效果最好的分类器之一,在小样本训练集上能够得到比其他算法更好的结果,原因就在于其优秀的泛化能力。但是,如果数据量很大(如垃圾邮件的分类检测），支持向量机的训练时间就会比较长。

11.1.2 支持向量机算法库

Sklearn 中支持向量机的算法库分为两类：一类是分类算法库，包括 SVC、NuSVC 和 LinearSVC；另一类是回归算法库，包括 svm.LinearSVR、svm.NuSVR、svm.SVR。

在 SVC、NuSVC 和 LinearSVC 这 3 个分类算法库中，SVC 和 NuSVC 差不多，区别仅在于两者对损失的度量方式不同；而 LinearSVC 只用于线性分类，不支持各种从低维到高维的核函数，仅支持线性核函数，对线性不可分的数据不能使用。

11.2 核函数

核函数用于将非线性问题转化为线性问题。通过特征变换增加新的特征，使得低维空间中的线性不可分问题变为高维空间中的线性可分问题，进行升维变换。

SVC 的语法如下：

```
SVC(kernel)
```

参数 kernel 的取值有 rbf、linear、poly，代表不同的核函数。默认的 rbf 代表径向基核函数（高斯核函数），linear 代表线性核函数，poly 代表多项式核函数。

11.2.1 径向基核函数

径向基核函数通过高斯分布函数衡量样本之间的相似度，进而使样本线性可分。径向基核函数的 kernel 参数取值为 rbf，格式如下：

```
SVC(kernel='rbf', C)
```

【例 11.1】 径向基核函数示例。

```
import numpy as np
import matplotlib.pyplot as plt
from sklearn import svm
from sklearn.datasets import make_blobs
#先创建 50 个数据点，将它们分为两类
X, y=make_blobs(n_samples=50, centers=2, random_state=6)
#创建径向基核的支持向量机模型
clf_rbf=svm.SVC(kernel='rbf', C=1000)
clf_rbf.fit(X, y)
#把数据点画出来
plt.scatter(X[:, 0], X[:, 1], c=y, s=30, cmap=plt.cm.Paired)
#建立图像坐标
ax=plt.gca()
```

```
xlim=ax.get_xlim()
ylim=ax.get_ylim()
xx=np.linspace(xlim[0], xlim[1], 30)
yy=np.linspace(ylim[0], ylim[1], 30)
YY, XX=np.meshgrid(yy, xx)
xy=np.vstack([XX.ravel(), YY.ravel()]).T
Z=clf_rbf.decision_function(xy).reshape(XX.shape)
#把分类的决定边界画出来
ax.contour(XX, YY, Z, colors='k', levels=[-1, 0, 1], alpha=0.5, linestyles=
['--', '-', '--'])
ax.scatter(clf_rbf.support_vectors_[:, 0], clf_rbf.support_vectors_[:, 1], s=100,
           linewidth=1, facecolors='none')
plt.show()
```

【程序运行结果】

程序运行结果如图 11.2 所示。

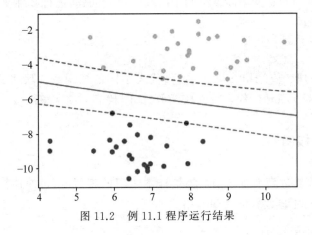

图 11.2　例 11.1 程序运行结果

11.2.2　线性核函数

线性核函数(linear kernel)不通过核函数进行维度提升,仅在原始维度空间中寻求线性分类边界。线性核函数的 kernel 参数取值为 linear,格式如下:

```
SVC(kernel='linear', C)
```

参数 C 为惩罚系数,用来控制损失函数的惩罚系数,类似于线性回归中的正则化系数。C 值越大,对误分类的惩罚越重,这样会使训练集在测试时准确率很高,但泛化能力弱,容易导致过拟合;C 值越小,对误分类的惩罚越轻,容错能力和泛化能力强,但容易导致欠拟合。

【例 11.2】 线性核函数示例。

```
import numpy as np
import matplotlib.pyplot as plt
```

```
from sklearn import svm
from sklearn.datasets import make_blobs
#先创建 50 个数据点,让它们分为两类
X, y=make_blobs(n_samples=50, centers=2, random_state=6)
#创建一个线性核的支持向量机模型
clf=svm.SVC(kernel='linear', C=1000)
clf.fit(X, y)
#把数据点画出来
plt.scatter(X[:, 0], X[:, 1], c=y, s=30, cmap=plt.cm.Paired)
#建立图像坐标
ax=plt.gca()
xlim=ax.get_xlim()
ylim=ax.get_ylim()
xx=np.linspace(xlim[0], xlim[1], 30)
yy=np.linspace(ylim[0], ylim[1], 30)
YY, XX=np.meshgrid(yy, xx)
xy=np.vstack([XX.ravel(), YY.ravel()]).T
Z=clf.decision_function(xy).reshape(XX.shape)
#把分类的决策边界画出来
ax.contour(XX, YY, Z, colors='k', levels=[-1, 0, 1], alpha=0.5, linestyles=
['--', '-', '--'])
ax.scatter(clf.support_vectors_[:, 0], clf.support_vectors_[:, 1], s=100,
          linewidth=1, facecolors='none')
plt.show()
```

【程序运行结果】

程序运行结果如图 11.3 所示。

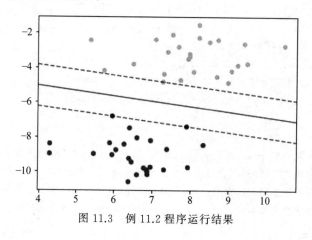

图 11.3　例 11.2 程序运行结果

11.2.3　多项式核函数

多项式核函数(polynomial kernel)通过多项式函数增加原始样本特征的高次幂,把

样本特征投射到高维空间。多项式核函数的 kernel 参数取值为 ploy,格式如下:

```
SVC(kernel='ploy',degree=3)
```

参数 degree 表示选择的多项式的最高幂次,默认为三次多项式。

【例 11.3】 区分颜色点示例。

红色圆点是正类,蓝色圆点是负类,五角星是预测样本点,如图 11.4 所示[1]。

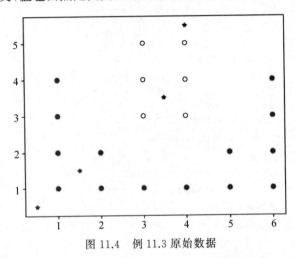

图 11.4 例 11.3 原始数据

```
#-*-coding:utf-8-*-
from sklearn.svm import SVC
import numpy as np
X=np.array([[1, 1], [1, 2], [1, 3], [1, 4], [2, 1], [2, 2], [3, 1], [4, 1], [5, 1],
[5, 2], [6, 1], [6, 2], [6, 3], [6, 4], [3, 3], [3, 4], [3, 5], [4, 3], [4, 4], [4,
5]])
Y=np.array([1] * 14+[-1] * 6)
T=np.array([[0.5, 0.5], [1.5, 1.5], [3.5, 3.5], [4, 5.5]])
#X 为训练样本,Y 为训练样本标签(1 和-1),T 为测试样本
svc=SVC(kernel='poly', degree=2, gamma=1, coef0=0)
svc.fit(X, Y)
pre=svc.predict(T)
print("预测结果\n", pre)                                    #输出预测结果
print("正类和负类支持向量总个数:\n",svc.n_support_) #输出正类和负类支持向量总个数
print("正类和负类支持向量索引:\n",svc.support_)        #输出正类和负类支持向量索引
print("正类和负类支持向量:\n",svc.support_vectors_) #输出正类和负类支持向量
```

【程序运行结果】

预测结果

  [1 1 -1 -1]

---

[1] 为区分这两种颜色点,在本例的图中,红色圆点用实心点表示,蓝色圆点用空心点表示。

正类和负类支持向量总个数：

 [2 3]

正类和负类支持向量索引：

 [14 17 3 5 13]

正类和负类支持向量：

[[3. 3.]

 [4. 3.]

 [1. 4.]

 [2. 2.]

 [6. 4.]]

程序运行结果如图 11.5 所示。

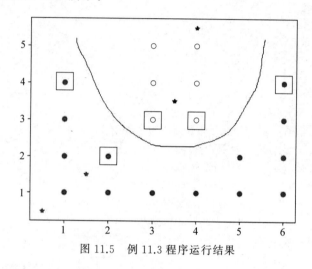

图 11.5 例 11.3 程序运行结果

【程序运行结果分析】

4 个预测点分类结果为：前两个为 1，后两个为－1。负类（蓝色圆点）支持向量有两个，在样本集中索引为 14 和 17，坐标分别为(3,3)和(4,3)；正类（红色圆点）支持向量有 3 个，在样本集中索引为 3、5 和 13，坐标分别为(1,4)、(2,2)和(6,4)。

11.3 参数调优

本节介绍 SVM 算法库的 gamma 参数和惩罚系数 C。

11.3.1 gamma 参数

【例 11.4】 调节 gamma 参数示例。

```
import sklearn.svm as svm
import matplotlib.pyplot as plt
from sklearn.datasets import load_wine
```

```
import numpy as np                                        #引入 NumPy 库
def make_meshgrid(x, y, h=.02):
    x_min, x_max=x.min()-1, x.max()+1
    y_min, y_max=y.min()-1, y.max()+1
    xx, yy=np.meshgrid(np.arange(x_min, x_max, h),np.arange(y_min, y_max, h))
    return xx, yy
def plot_contours(ax, clf, xx, yy, **params):
    Z=clf.predict(np.c_[xx.ravel(), yy.ravel()])
    Z=Z.reshape(xx.shape)
    out=ax.contourf(xx, yy, Z, **params)
    return out
#使用酒的数据集
wine=load_wine()
#选取数据集的前两个特征
X=wine.data[:, :2]
y=wine.target
C=1.0                                                     #SVM 正则化参数
models=(svm.SVC(kernel='rbf', gamma=0.1, C=C),
        svm.SVC(kernel='rbf', gamma=1, C=C),
        svm.SVC(kernel='rbf', gamma=10, C=C))
models=(clf.fit(X, y) for clf in models)
titles=('gamma=0.1','gamma=1','gamma=10')
fig, sub=plt.subplots(1, 3,figsize=(10,3))
#plt.subplots_adjust(wspace=0.8, hspace=0.2)
X0, X1=X[:, 0], X[:, 1]
xx, yy=make_meshgrid(X0, X1)
for clf, title, ax in zip(models, titles, sub.flatten()):
    plot_contours(ax, clf, xx, yy,cmap=plt.cm.plasma, alpha=0.8)
    ax.scatter(X0, X1, c=y, cmap=plt.cm.plasma, s=20, edgecolors='k')
    ax.set_xlim(xx.min(), xx.max())
    ax.set_ylim(yy.min(), yy.max())
    ax.set_xlabel('Feature 0')
    ax.set_ylabel('Feature 1')
    ax.set_xticks(())
    ax.set_yticks(())
    ax.set_title(title)
plt.show()
```

【程序运行结果】

程序运行结果如图 11.6 所示。

【程序运行结果分析】

参数 gamma 分别取值为 0.1、1 和 10。gamma 值越小,径向基核直径越大,进入支持向量机的决策边界中的数据越多,决策边界越平滑,模型越简单;gamma 值越大,支持向量机越倾向于把尽可能多的数据放到决策边界中,模型的复杂度越高。所以,gamma 值越小，模型越倾向于欠拟合；gamma 值越大，模型倾向于过拟合。

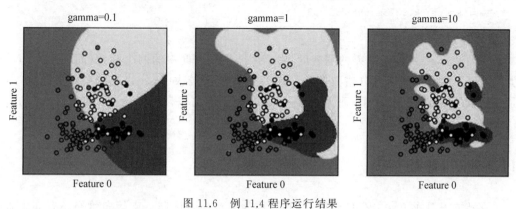

图 11.6 例 11.4 程序运行结果

11.3.2 惩罚系数 C

【例 11.5】 惩罚系数 C 示例。

```
from sklearn import datasets
from sklearn.model_selection import GridSearchCV
from sklearn.svm import SVC
from sklearn.model_selection import train_test_split
iris=datasets.load_iris()
x=iris.data[:,:2]
y=iris.target
param_grid={"gamma":[0.001,0.01,0.1,1,10,100],"C":[0.001,0.01,0.1,1,10,100]}
print("Parameters:{}".format(param_grid))
grid_search=GridSearchCV(SVC(),param_grid,cv=5)    #实例化一个 GridSearchCV 类
X_train,X_test,y_train,y_test=train_test_split(iris.data,iris.target,random
_state=10)
grid_search.fit(X_train,y_train)
print("Test set score:{:.2f}".format(grid_search.score(X_test,y_test)))
print("Best parameters:{}".format(grid_search.best_params_))
print("Best score on train set:{:.2f}".format(grid_search.best_score_))
print("Best estimator: ",grid_search.best_estimator_)
print("Best score: ",grid_search.best_score_)
```

【程序运行结果】

```
Parameters:{'gamma': [0.001, 0.01, 0.1, 1, 10, 100], 'C': [0.001, 0.01, 0.1, 1,
10, 100]}
Test set score:0.97
Best parameters:{'C': 10, 'gamma': 0.1}
Best score on train set:0.98
```

```
Best estimator: SVC(C=10, gamma=0.1)
Best score: 0.9826086956521738
```

【程序运行结果分析】

C 是惩罚系数,即对误差的宽容度,用于调节优化方向中的两个指标(间隔大小和分类准确度)的权重,表示对分错数据的惩罚力度。当 C 较大时,分错的数据就会较少,但是过拟合的情况会比较严重;而当 C 较小时,容易出现欠拟合的情况。C 越大,训练的迭代次数越大,训练时间越长。

11.4 回归问题

支持向量分类方法能推广到回归问题,称为支持向量回归。支持向量回归有 3 个版本:SVR、NuSVR 和 LinearSVR。

【例 11.6】 回归问题示例。

```
import numpy as np
from sklearn.svm import SVR
import matplotlib.pyplot as plt
#产生样本数据
X=np.sort(5 * np.random.rand(40, 1), axis=0)
y=np.sin(X).ravel()
#在目标值中增加噪音数据
y[::5]+=3 * (0.5-np.random.rand(8))
#估计器
svr_rbf=SVR(kernel='rbf', C=1e3, gamma=0.1)        #径向基核函数
svr_lin=SVR(kernel='linear', C=1e3)                #线性核函数
svr_poly=SVR(kernel='poly', C=1e3, degree=2)       #多项式核函数
y_rbf=svr_rbf.fit(X, y).predict(X)
y_lin=svr_lin.fit(X, y).predict(X)
y_poly=svr_poly.fit(X, y).predict(X)
lw=2
plt.scatter(X, y, color='darkorange', label='data')
plt.plot(X, y_rbf, color='navy', lw=lw, label='RBF model')
plt.plot(X, y_lin, color='c', lw=lw, label='Linear model')
plt.plot(X, y_poly, color='cornflowerblue', lw=lw, label='Polynomial model')
plt.xlabel('data')
plt.ylabel('target')
plt.title('Support Vector Regression')
plt.legend()
plt.show()
```

【程序运行结果】

程序运行结果如图 11.7 所示。

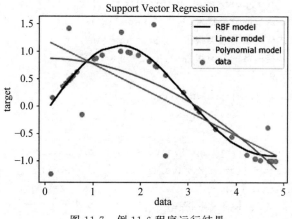

图 11.7　例 11.6 程序运行结果

11.5　案例

11.5.1　鸢尾花

【例 11.7】　鸢尾花示例。

```
from sklearn import datasets
import sklearn.model_selection as ms
import sklearn.svm as svm
import matplotlib.pyplot as plt
from sklearn.metrics import classification_report
iris=datasets.load_iris()
X=iris.data[:,:2]
y=iris.target
#数据集分为训练集和测试集
train_X, test_X, train_y, test_y=ms.train_test_split(X, y, test_size=0.25,
random_state=5)
#基于线性核函数
model=svm.SVC(kernel='linear')
model.fit(train_X, train_y)
#基于多项式核函数,三阶多项式核函数
#model=svm.SVC(kernel='poly', degree=3)
#model.fit(train_X, train_y)
#基于径向基(高斯)核函数
#model=svm.SVC(kernel='rbf', C=600)
#model.fit(train_X, train_y)
#预测
pred_test_y=model.predict(test_X)
#计算模型精度
```

```
bg=classification_report(test_y, pred_test_y)
print('基于线性核函数的分类报告:', bg, sep='\n')
print('基于多项式核函数的分类报告:', bg, sep='\n')
print('基于径向基核函数的分类报告:', bg, sep='\n')
#绘制分类边界线
l, r=X[:, 0].min()-1, X[:, 0].max()+1
b, t=X[:, 1].min()-1, X[:, 1].max()+1
n=500
grid_X, grid_y=np.meshgrid(np.linspace(l, r, n), np.linspace(b, t, n))
bg_X=np.column_stack((grid_X.ravel(), grid_y.ravel()))
bg_y=model.predict(bg_X)
grid_z=bg_y.reshape(grid_X.shape)
#画图显示样本数据
plt.title('kernel=linear ', fontsize=16)
#plt.title('kernel=poly ', fontsize=16)
#plt.title('kernel=rbf', fontsize=16)
plt.xlabel('X', fontsize=14)
plt.ylabel('Y', fontsize=14)
plt.tick_params(labelsize=10)
plt.pcolormesh(grid_X, grid_y, grid_z, cmap='gray')
plt.scatter(test_X[:, 0], test_X[:, 1], s=80, c=test_y, cmap='jet', label=
'Samples')
plt.legend()
plt.show()
```

【程序运行结果】

基于线性核函数的分类报告:

	precision	recall	f1-score	support
0	1.00	1.00	1.00	12
1	0.75	0.86	0.80	14
2	0.80	0.67	0.73	12
accuracy			0.84	38
macro avg	0.85	0.84	0.84	38
weighted avg	0.84	0.84	0.84	38

基于多项式核函数的分类报告:

	precision	recall	f1-score	support
0	1.00	1.00	1.00	12
1	0.75	0.86	0.80	14
2	0.80	0.67	0.73	12
accuracy			0.84	38
macro avg	0.85	0.84	0.84	38
weighted avg	0.84	0.84	0.84	38

基于径向基核函数的分类报告:

	precision	recall	f1-score	support
0	1.00	1.00	1.00	12
1	0.86	0.86	0.86	14
2	0.83	0.83	0.83	12
accuracy			0.89	38
macro avg	0.90	0.90	0.90	38
weighted avg	0.89	0.89	0.89	38

程序运行结果如图 11.8～图 11.10 所示。

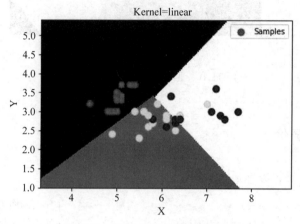

图 11.8　例 11.7 程序运行结果一

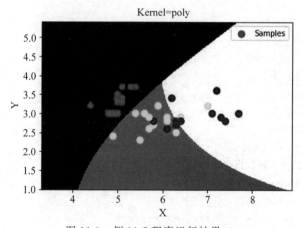

图 11.9　例 11.7 程序运行结果二

在选择核函数时一般应遵循如下原则:

(1) 如果特征非常多或者样本数远少于特征数,数据更偏向线性可分,选择线性核函数效果会很好。

(2) 线性核函数的参数少,速度快;径向基核函数的参数多,分类结果非常依赖于参数,需要交叉验证或网格搜索最佳参数。

(3) 径向基核函数应用最广,对于小样本还是大样本、高维还是低维等情况都适用。

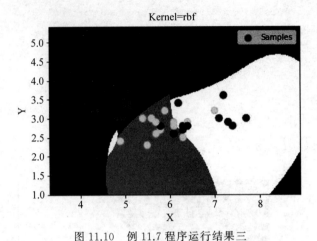

图 11.10　例 11.7 程序运行结果三

11.5.2　波士顿房价

【例 11.8】　波士顿房价预测示例。

```
import matplotlib.pyplot as plt                      #导入画图工具
from sklearn.datasets import load_boston             #导入波士顿房价数据集
boston=load_boston()
#打印数据集中的键
print(boston.keys())
#导入数据集拆分工具
from sklearn.model_selection import train_test_split
#建立训练集和测试集
X, y=boston.data, boston.target
X_train, X_test, y_train, y_test=train_test_split(X, y, random_state=8)
#导入数据预处理工具
from sklearn.preprocessing import StandardScaler
#对训练集和测试集进行数据预处理
scaler=StandardScaler()
scaler.fit(X_train)
X_train_scaled=scaler.transform(X_train)
X_test_scaled=scaler.transform(X_test)
#将预处理后的数据特征最大值和最小值用散点图表示
#导入支持向量机回归模型
from sklearn.svm import SVR
#用预处理后的数据重新训练模型
for kernel in ['linear', 'rbf']:
    svr=SVR(kernel=kernel)
    svr.fit(X_train_scaled, y_train)
    print('数据预处理后', kernel, '核函数模型在训练集上的得分:{:.3f}'.format
```

```
(svr.score(X_train_scaled,y_train)))
    print('数据预处理后 ', kernel, '核函数模型在测试集上的得分:{:.3f}'.format
(svr.score(X_test_scaled,y_test)))
plt.plot(X_train_scaled.min(axis=0), 'v', label='train set min')
plt.plot(X_train_scaled.max(axis=0), '^', label='train set max')
plt.plot(X_test_scaled.min(axis=0), 'v', label='test set min')
plt.plot(X_test_scaled.max(axis=0), '^', label='test set max')
#设置图注位置为最佳位置
plt.legend(loc='best')
#设置横纵轴标题
plt.xlabel('scaled features')
plt.ylabel('scaled feature magnitude')
#显示图形
plt.show()
#设置径向基核模型的C参数和gamma参数
svr=SVR(C=100, gamma=0.1)
svr.fit(X_train_scaled, y_train)
print('调节参数后径向基核函数模型在训练集上的得分:{:.3f}'.format(svr.score(X_
train_scaled, y_train)))
print('调节参数后径向基核函数模型在测试集上的得分:{:.3f}'.format(svr.score(X_
test_scaled, y_test)))
```

【程序运行结果】

```
dict_keys(['data', 'target', 'feature_names', 'DESCR', 'filename'])
数据预处理后 linear 核函数模型在训练集上的得分:0.706
数据预处理后 linear 核函数模型在测试集上的得分:0.698
数据预处理后 rbf 核函数的模型训练集得分:0.665
数据预处理后 rbf 核函数的模型测试集得分:0.695
调节参数后径向基核函数模型在训练集上的得分:0.966
调节参数后径向基核函数模型在测试集上的得分:0.894
```

程序运行结果如图 11.11 所示。

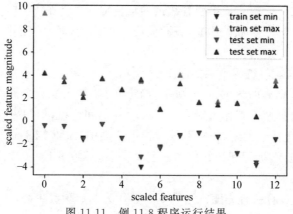

图 11.11 例 11.8 程序运行结果

第 12 章　k 均值聚类算法

k 均值聚类算法(k-means clustering algorithm)是一种迭代求解的聚类分析算法。本章重点介绍 k 均值聚类算法的思想、实施步骤以及 k 均值聚类算法与 KNN 算法的关系等,Sklearn 使用 ARI 和轮廓系数指标评估 k 均值聚类算法性能。最后,通过相关实例介绍 k 均值聚类算法的具体应用。

12.1　初识 k 均值聚类算法

12.1.1　k 均值聚类算法简介

类指的是具有相似性的集合。聚类是指将数据集划分为若干类,使得每一类中的数据极为相似,而各类之间的数据差别尽可能大。聚类分析属于无监督学习,用于在没有任何先验知识的情况下预测数据类别。

k 均值聚类算法由 Stuart Lloyd 于 1957 年提出,是一种迭代求解的聚类分析算法,通过样本之间的距离,把相似度高的样本聚成一簇(相似元素的集合),最后形成多个簇,将样本划分到不同的类别。该算法最大的特点是简单,便于理解,运算速度快,但是只能应用于连续型的数据,并且一定要在聚类前需要指定分成几类。

12.1.2　k 均值聚类算法步骤

k 均值聚类算法是一种迭代求解算法,其步骤如下:

步骤 1:确定 k 值,意味着最终聚类的类别数。

步骤 2:随机选定 k 个值为质心,计算每一个样本到 k 个质心的距离,将样本点归到最相似的类中,分成 k 个簇。簇中所有数据的均值称为“质心”。

步骤 3:反复计算 k 个簇的质心,直到质心不再改变,确定每个样本所属的类别以及每个类的质心。

k 均值聚类算法运行过程示意如图 12.1 所示。

步骤 1:初始数据集如图 12.1(a)所示,确定 $k=2$。

步骤 2:随机选择两个点作为聚类中心——红色和蓝色,如图 12.1(b)所示。计算样本与红色质心和蓝色质心的距离,标记每个样本的类别,如图 12.1(c)所示。

步骤 3:反复迭代,标记新的红色和蓝色聚类中心,如图 12.1(d)、图 12.1(e)所示。

步骤 4:最终得到两个类别,如图 12.1(f)所示。

因此,k 均值聚类算法首先随机选取 k 个点作为初始聚类中心,然后计算各个数据对象到各聚类中心的距离,把数据对象归属到离它最近的聚类中心所在的类,再重新计算新

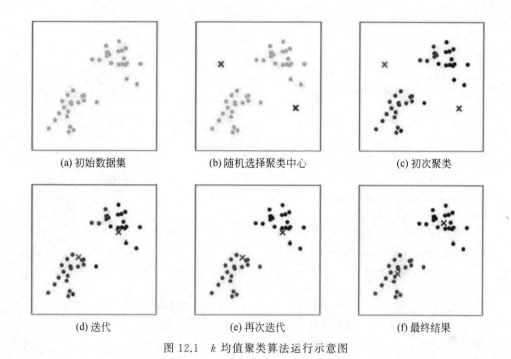

(a) 初始数据集　　　　　(b) 随机选择聚类中心　　　　　(c) 初次聚类

(d) 迭代　　　　　(e) 再次迭代　　　　　(f) 最终结果

图 12.1　k 均值聚类算法运行示意图

的聚类中心,如果相邻两次距离计算的聚类中心没有任何变化,说明数据对象调整结束。在每次迭代中对于样本分类进行调整。在全部数据对象调整完成后,再修改聚类中心,进入下一次迭代。如果在一次迭代算法中,所有的数据对象均被正确分类,则不会有调整,聚类中心也不会有任何变化,这标志着聚类已经收敛,算法结束。算法流程如图 12.2 所示。

【例 12.1】 用 Python 实现 k 均值聚类算法。

```python
import numpy as np
import matplotlib.pyplot as plt
import random
def get_distance(p1, p2):
    diff=[x-y for x, y in zip(p1, p2)]
    distance=np.sqrt(sum(map(lambda x: x**2, diff)))
    return distance
#计算多个点的中心
#cluster=[[1, 2, 3], [-2, 1, 2], [9, 0, 4], [2, 10, 4]]
def calc_center_point(cluster):
    N=len(cluster)
    m=np.matrix(cluster).transpose().tolist()
    center_point=[sum(x)/N for x in m]
    return center_point
#检查两个点是否有差别
```

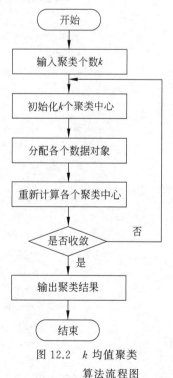

图 12.2　k 均值聚类
算法流程图

```python
def check_center_diff(center, new_center):
    n=len(center)
    for c, nc in zip(center, new_center):
        if c!=nc:
            return False
    return True
#k均值聚类算法的实现
def k_means(points, center_points):
    N=len(points)                              #样本个数
    n=len(points[0])                           #单个样本的维度
    k=len(center_points)                       #k值大小
    tot=0
    while True:                                #迭代
        temp_center_points=[]                  #记录中心点
        clusters=[]                            #记录聚类的结果
        for c in range(0, k):
            clusters.append([])                #初始化
        #针对每个点,寻找距离其最近的聚类中心
        for i, data in enumerate(points):
            distances=[]
            for center_point in center_points:
                distances.append(get_distance(data, center_point))
                index=distances.index(min(distances))
                                               #找到最小距离的聚类中心点的索引
            clusters[index].append(data)       #聚类中心代表的簇里增加一个样本
        tot+=1
        print(tot, '次迭代    ', clusters)
        k=len(clusters)
        colors=['r.', 'g.', 'b.', 'k.', 'y.']  #颜色和点的样式
        for i, cluster in enumerate(clusters):
            data=np.array(cluster)
            data_x=[x[0] for x in data]
            data_y=[x[1] for x in data]
            plt.subplot(2, 3, tot)
            plt.plot(data_x, data_y, colors[i])
            plt.axis([0, 1000, 0, 1000])
        #重新计算中心点
        for cluster in clusters:
            temp_center_points.append(calc_center_point(cluster))
        #在计算聚类中心的时候,需要将原来的聚类中心算进去
        for j in range(0, k):
            if len(clusters[j])==0:
                temp_center_points[j]=center_points[j]
        #判断聚类中心是否发生变化
```

```
            for c, nc in zip(center_points, temp_center_points):
                if not check_center_diff(c, nc):
                    center_points=temp_center_points[:]      #复制一份
                    break
            else:                                   #如果没有变化,退出迭代,聚类结束
                break
    plt.show()
    return clusters                                 #返回聚类的结果
#随机获取一个样本集,用于测试 k 均值聚类算法
def get_test_data():
    N=1000
    #产生点的区域
    area_1=[0, N/4, N/4, N/2]
    area_2=[N/2, 3*N/4, 0, N/4]
    area_3=[N/4, N/2, N/2, 3*N/4]
    area_4=[3*N/4, N, 3*N/4, N]
    area_5=[3*N/4, N, N/4, N/2]
    areas=[area_1, area_2, area_3, area_4, area_5]
    k=len(areas)
    #在各个区域内随机产生一些点
    points=[]
    for area in areas:
        rnd_num_of_points=random.randint(50, 200)
        for r in range(0, rnd_num_of_points):
            rnd_add=random.randint(0, 100)
            rnd_x=random.randint(area[0]+rnd_add, area[1]-rnd_add)
            rnd_y=random.randint(area[2], area[3]-rnd_add)
            points.append([rnd_x, rnd_y])
    #自定义聚类中心,目标聚类个数为 5,因此选定 5 个聚类中心
    center_points=[[0, 250], [500, 500], [500, 250], [500, 250], [500, 750]]
    return points, center_points
if __name__=='__main__':
    points, center_points=get_test_data()
    clusters=k_means(points, center_points)
    #print('#######最终结果##########')
    #for i, cluster in enumerate(clusters):
        #print('cluster ', i, ' ', cluster)
```

【程序运行结果】

程序运行结果如图 12.3 所示。

12.1.3　*k* 均值聚类算法相关问题

下面讨论 *k* 均值聚类算法的几个问题。

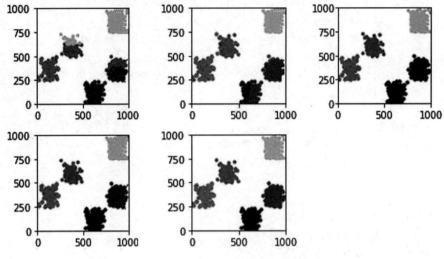

图 12.3 例 12.1 程序运行结果

（1）k 值怎么定？

k 值的确定主要依据个人的经验，通常的做法是多尝试几个 k 值，选出最符合要求的 k 值。

（2）初始的 k 个聚类中心怎么选？

初始聚类中心的选取对最终聚类结果影响较大，选择时可以遵循以下原则：

① 选择彼此距离尽可能远的 k 个点。随机选择一个点作为第一个聚类中心，然后选择距离该点最远的点作为第二个聚类中心，再选择距离这两个点最远的点作为第三个聚类中心，以此类推，直至选出 k 个聚类中心。

② 通过层次聚类等算法进行初始聚类，将这些类簇的中心点作为 k 均值聚类算法初始聚类中心。

（3）k 均值聚类算法会不会陷入一直选择聚类中心的死循环过程，永远停不下来？

可以在数学上证明 k 均值聚类算法一定会收敛，大致思路是利用误差平方和函数求每个点到自身所归属聚类中心的距离平方和，这个函数可以收敛。

（4）点到聚类中心的距离怎么计算？

一般有如下两种计算距离的方法：

第一种是欧几里得距离。欧几里得距离只能用于连续型变量，需要通过数据标准化将其转化为无量纲数值，以便于计算。

第二种是余弦相似度。余弦相似度用向量空间中两个向量夹角的余弦值作为衡量这两个向量差异的大小。与通过欧几里得距离进行计算相比，余弦相似度更注重两个向量在方向上的差异。

12.1.4　k 均值聚类算法和 KNN 关系

k 均值聚类算法和 KNN 解决的是数据挖掘中的两类问题。首先，k 均值聚类算法是聚类算法,KNN 是分类算法。其次,这两个算法分别是两种不同的学习方式。k 均值聚类算法采用无监督学习,也就是不需要事先给出分类标签;而 KNN 采用有监督学习,需要给出训练数据的分类标识。最后,k 值的含义不同。k 均值聚类算法中的 k 值代表 k 个分类,而 KNN 中的 k 值代表 k 个最接近的邻居。

两者具有相似的过程,求给定点的最近距离都用到 NN(Nearest Neighbor,最近邻)算法。

k 均值聚类算法和 KNN 的比较如表 12.1 所示。

表 12.1　k 均值聚类算法和 KNN 的比较

k 均值聚类算法	KNN
聚类算法	分类算法
无监督学习	有监督学习
数据集是无标签的数据	数据集是带标签的数据
有明显的前期训练过程	没有明显的前期训练过程

12.2　k 均值聚类算法评估指标

Sklearn 提供了 ARI 和轮廓系数,用于评价 k 均值聚类算法的性能。

12.2.1　ARI

当数据带有类别信息时,采用 ARI(Adjusted Rand Index,调整兰德系数)指标来评价 k 均值聚类算法的性能,与分类问题中计算准确性的方法类似。

Sklearn 提供了 adjusted_rand_score 函数计算 ARI,格式如下:

```
adjusted_rand_score(y_test,y_pred)
```

参数说明如下:

- y_true:真实值。
- y_pred:预测值。

【例 12.2】　ARI 计算示例。

```
from sklearn.metrics import adjusted_rand_score
y_true=[3, -0.5, 2, 7]
y_pred=[2.5, 0.0, 2, 8]
print(adjusted_rand_score(y_true, y_pred))
```

【程序运行结果】

```
1.0
```

12.2.2　轮廓系数

当数据没有类别信息时,使用轮廓系数(silhouette coefficient)来度量聚类的效果。轮廓系数兼顾了聚类的凝聚度和分离度,取值范围为 $[-1,1]$,数值越大,聚类效果越好。

对于任意点 i 的轮廓系数,轮廓系数 $S(i)$ 的数学表达式如下:

$$S(i) = \frac{b(i) - a(i)}{\max\{a(i), b(i)\}}$$

参数说明如下:

- $a(i)$:点 i 到簇内所有其他点的距离的平均值。
- $b(i)$:点 i 到与最近的相邻簇内所有点的平均距离的最小值。

具体的计算步骤如下:

步骤 1:对于已聚类数据中的第 i 个样本 $X(i)$,计算 $X(i)$ 与其同一个簇中所有其他样本的距离的平均值,记作 $a(i)$,用于量化簇内的凝聚度(cohesion)。

步骤 2:选取 $X(i)$ 外的一个簇,计算 $X(i)$ 与该簇中所有样本的平均距离。遍历所有其他簇,找到最小的平均距离,记作 $b(i)$,用于量化簇间的分离度(separation)。

步骤 3:对于样本 $X(i)$,计算轮廓系数 $S(i)$。

由轮廓系数 $S(i)$ 的计算公式可知:如果 $S(i)$ 小于 0,说明 $X(i)$ 与其簇内样本的平均距离大于最近的其他簇,表示聚类效果不好;如果 $a(i)$ 趋近 0,或者 $b(i)$ 足够大,那么 $S(i)$ 趋近 1,说明聚类效果比较好。

Sklearn 提供了 silhouette_score 函数计算所有点的平均轮廓系数,而 silhouette_samples 函数返回每个点的轮廓系数。

silhouette_score 函数的格式如下:

```
silhouette_score(X, labels)
```

参数说明如下:

- X:特征值。
- labels:被聚类标记的目标值。

【例 12.3】　轮廓系数计算示例。

```
#生成数据模块
from sklearn.datasets import make_blobs
#KMeans 模块
from sklearn.cluster import KMeans
#下面两个函数,前者求所有点的平均轮廓系数,后者求每个点的轮廓系数
from sklearn.metrics import silhouette_score, silhouette_samples
import numpy as np
import matplotlib.pyplot as plt
#生成数据
x_true, y_true=make_blobs(n_samples=600, n_features=2, centers=4, random_
```

```
    state=1)
#绘制生成的数据
plt.figure(figsize=(6, 6))
plt.scatter(x_true[:, 0], x_true[:, 1], c=y_true, s=10)
plt.title("Origin data")
plt.show()
#聚类
n_clusters=[x for x in range(3, 6)]
for i in range(len(n_clusters)):
    #实例化 KMeans 分类器
    clf=KMeans(n_clusters=n_clusters[i])
    y_predict=clf.fit_predict(x_true)
    #绘制聚类结果
    plt.figure(figsize=(6, 6))
    plt.scatter(x_true[:, 0], x_true[:, 1], c=y_predict, s=10)
    plt.title("n_clusters={}".format(n_clusters[i]))
    ex=0.5
    step=0.01
    xx, yy=np.meshgrid(np.arange(x_true[:, 0].min()-ex, x_true[:, 0].max()+ex,
            step), np.arange(x_true[:, 1].min()-ex, x_true[:, 1].max()+ex, step))
    zz=clf.predict(np.c_[xx.ravel(), yy.ravel()])
    zz.shape=xx.shape
    plt.contourf(xx, yy, zz, alpha=0.1)
    plt.show()
    #打印平均轮廓系数
    s=silhouette_score(x_true, y_predict)
    print("When cluster={}\nThe silhouette_score={}".format(n_clusters[i], s))
    #利用 silhouette_samples 函数计算轮廓系数为正的点的个数
    n_s_bigger_than_zero=(silhouette_samples(x_true, y_predict)>0).sum()
    print("{}/{}\n".format(n_s_bigger_than_zero, x_true.shape[0]))
```

【程序运行结果】

```
When cluster=3
The silhouette_score=0.6009420412542107
595/600
When cluster=4
The silhouette_score=0.6375177708913436
600/600
When cluster=5
The silhouette_score=0.5452421979798163
590/600
```

程序运行结果如图 12.4～图 12.7 所示。

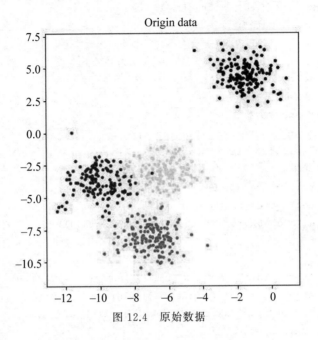

图 12.4　原始数据

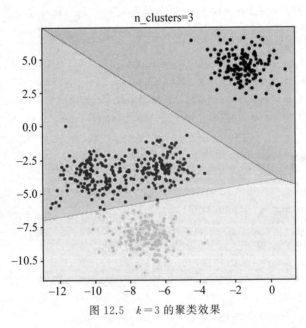

图 12.5　$k=3$ 的聚类效果

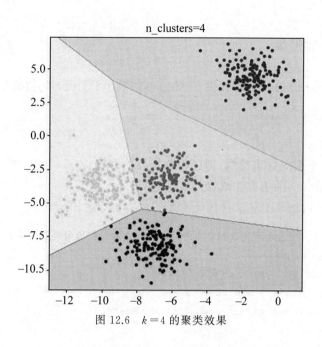

图 12.6 *k*＝4 的聚类效果

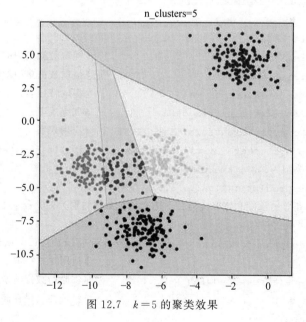

图 12.7 *k*＝5 的聚类效果

【程序运行结果分析】

k 为 4 的时候其平均轮廓系数最高,所以分为 4 类是最优的,与数据集相匹配。

12.3 案例

12.3.1 鸢尾花数据集

Sklearn 的 sklearn.cluster 模块提供了 KMeans 函数用于实现 k 均值聚类算法,格式如下:

```
sklearn.cluster.KMeans(n_clusters, random_state)
```

参数说明如下:

- n_clusters:生成的聚类数,即产生的聚类中心数。
- random_state:随机数生成器的种子。

【例 12.4】 k 均值聚类算法应用于鸢尾花数据集的示例。

```
#以 Sklearn 库自带的鸢尾花数据集为例,KMeans 函数提供预测类别以及聚类结果可视化功能
import pandas as pd
import matplotlib.pyplot as plt
from sklearn.datasets import load_iris
from sklearn.preprocessing import MinMaxScaler
from sklearn.cluster import KMeans
from sklearn.manifold import TSNE
'''  构建模型  '''
iris=load_iris()
iris_data=iris['data']                          #提取数据集中的数据
iris_target=iris['target']                      #提取数据集中的标签
iris_names=iris['feature_names']                #提取特征名
scale=MinMaxScaler().fit(iris_data)             #训练规则
iris_dataScale=scale.transform(iris_data)       #应用规则
kmeans=KMeans(n_clusters=3, random_state=123).fit(iris_dataScale)
print('构建的模型为:\n', kmeans)
result=kmeans.predict([[1.5,1.5,1.5,1.5]])
print('花瓣和花萼的长度和宽度全为 1.5 的鸢尾花预测类别为:', result[0])
'''  聚类结果可视化  '''
tsne=TSNE(n_components=2, init='random', random_state=177).fit(iris_data)
                                                #使用 TSNE 进行数据降维,降为两维
df=pd.DataFrame(tsne.embedding_)                #将原始数据转换为 DataFrame
df['labels']=kmeans.labels_                     #将聚类结果存储到 df 数据表中
df1=df[df['labels']==0]
df2=df[df['labels']==1]
df3=df[df['labels']==2]
#fig=plt.figure(figsize=(9,6))                  #绘制图形,设定空白画布并指定大小
plt.plot(df1[0], df1[1], 'bo', df2[0], df2[1], 'r*', df3[0], df3[1], 'gD')
plt.show()                                      #显示图片
```

【程序运行结果】

构建的模型为:

KMeans(n_clusters=3, random_state=123)

花瓣和花萼的长度和宽度全为 1.5 的鸢尾花预测类别为: 0

程序运行结果如图 12.8 所示。

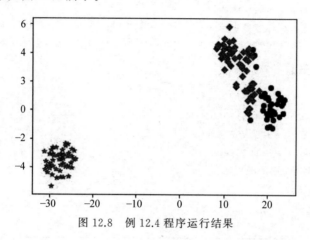

图 12.8　例 12.4 程序运行结果

12.3.2　标记聚类中心

【例 12.5】　标记聚类中心。

```
from sklearn.datasets import make_blobs
import matplotlib.pyplot as plt
X, y=make_blobs(n_samples=500,            #500 个样本
                n_features=2,             #每个样本两个特征
                centers=4,                #4 个聚类中心
                random_state=1            #控制随机性
                )
color=['red', 'pink', 'orange', 'gray']
fig, axi1=plt.subplots(1)
for i in range(4):
    axi1.scatter(X[y==i, 0], X[y==i, 1], marker='o', s=8, c=color[i])
plt.show()
from sklearn.cluster import KMeans
#步骤 1:预估器
n_clusters=3
cluster=KMeans(n_clusters=n_clusters)
cluster.fit(X)
centroid=cluster.cluster_centers_
print('聚类中心:\n', centroid)                #查看聚类中心
#每个簇内各点到其聚类中心的距离之和为 inertia。簇的 inertia 越小,簇内各点越相似
```

```
inertia=cluster.inertia_
print("每个簇内各点到其聚类中心的距离之和:\n",inertia)
color=['red', 'pink', 'orange', 'gray']
fig, axi1=plt.subplots(1)
for i in range(n_clusters):
    #步骤 2:模型评估
    y_pred=cluster.predict(X)
    axi1.scatter(X[y_pred==i, 0], X[y_pred==i, 1], marker='o', s=8, c=color[i])
    axi1.scatter(centroid[:, 0], centroid[:, 1], marker='x', s=100, c='black')
```

【程序运行结果】

质心:

```
 [[-1.54234022      4.43517599]
  [-8.0862351      -3.5179868 ]
  [-7.09306648     -8.10994454]]
```

每个簇内到其聚类中心的距离之和:

```
 1903.4503741659241
```

程序运行结果如图 12.9、图 12.10 所示。

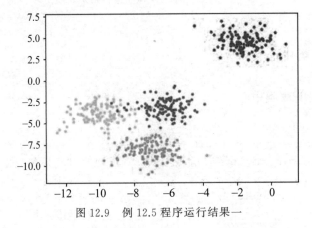

图 12.9　例 12.5 程序运行结果一

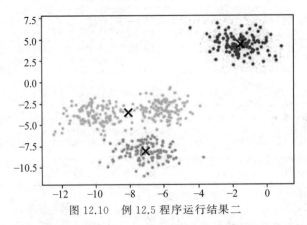

图 12.10　例 12.5 程序运行结果二

附录 A 课程教学大纲

课程名称：机器学习入门——基于 Sklearn
适用专业：计算机科学与技术专业、大数据专业
先修课程：高等数学、线性代数、概率论与数理统计、Python 程序设计语言
总学时：46 学时
授课学时：24 学时
实验(上机)学时：22 学时

A.1 课程简介

机器学习作为人工智能的核心，是一门多领域交叉学科，涉及概率论、统计学、逼近论、凸分析、算法复杂度理论等多门学科，通过学习人类识别事物的基本规律，研究让计算机能够自动进行模式识别的原理和方法。

本课程包括人工智能概述、Python 科学计算、数据清洗与特征预处理、数据划分与特征提取、特征降维与特征选择、模型评估与选择、KNN 算法、线性模型、决策树、支持向量机、朴素贝叶斯算法、k 均值算法等。

A.2 课程内容及要求

第 1 章 人工智能概述(2 学时)
主要内容：
(1) 人工智能、机器学习的概念和内容。
(2) 机器学习开发流程。
(3) Sklearn。
(4) Anaconda。
基本要求：了解机器学习的基本概念；了解机器学习开发流程。
重点：机器学习和深度学习的区别，机器学习分类。
难点：机器学习分类。

第 2 章 Python 科学计算(4 学时)
主要内容：
(1) Python 与科学计算的关系。
(2) NumPy、SciPy、Matplotlib 和 Pandas。
基本要求：了解科学计算的基本概念；掌握 NumPy、SciPy、Matplotlib 和 Pandas 的用法。

重点：NumPy、SciPy、Matplotlib 和 Pandas。

难点：Pandas。

第 3 章　数据清洗与特征预处理（4 学时）

主要内容：

（1）数据清洗。

（2）特征预处理。

（3）missingno。

（4）词云。

基本要求：了解数据清洗，掌握缺失值、异常值和重复值的处理方法；了解特征预处理，掌握规范化和标准化的处理方法。

重点：数据清洗。

难点：特征预处理。

第 4 章　数据划分与特征提取（4 学时）

主要内容：

（1）数据划分。

（2）独热编码。

（3）字典特征提取。

（4）文本特征提取。

（5）中文分词。

基本要求：了解 TF-IDF 模型、独热编码，掌握字典特征提取和文本特征提取，特别是中文文本的特征提取。

重点：TF-IDF 模型，独热编码。

难点：字典特征提取和文本特征提取，中文分词。

第 5 章　特征降维与特征选择（4 学时）

主要内容：

（1）特征降维。

- 线性判别分析。

- 主成分分析。

（2）特征选择。

（3）包装法。

（4）过滤式。

- 方差选择法。

- 相关系数法。

（5）皮尔森相关系数。

（6）嵌入法。

基本要求：了解特征降维和特征选择；掌握特征降维的线性判别分析和主成分分析两种方法；掌握特征选择两种方法。

重点：线性判别分析，方差选择法。

难点：主成分分析，相关系数法，皮尔森相关系数。

第6章 模型评估与选择（4学时）

主要内容：

（1）过拟合和欠拟合。

（2）模型调参。

（3）分类评估标准。

- 混淆矩阵。
- 准确率。
- 精确率。
- 召回率。
- F1分数。
- ROC曲线。
- AUC。
- 分类评估报告。

（4）回归评估标准。

（5）损失函数。

基本要求：了解混淆矩阵、准确率、精确率与召回率、F1分数、ROC曲线、AUC；了解分类评估报告、回归评估方法和损失函数。

重点：混淆矩阵，分类评估报告。

难点：精确率与召回率，ROC曲线，AUC，损失函数。

第7章 KNN算法（4学时）

主要内容：

（1）KNN算法概述。

（2）分类问题。

（3）回归问题。

基本要求：了解KNN算法的基本原理；掌握KNN算法在分类问题和回归问题中的应用。

重点：KNN算法在分类问题和回归问题中的应用。

难点：KNN算法三要素，KNN算法的应用。

第8章 决策树（4学时）

主要内容：

（1）决策树算法

- ID3算法。

- C4.5 算法。
- CART 算法。

（2）分类与回归。

（3）集成分类模型。

（4）Graphviz 与 DOT。

基本要求：了解决策树算法；掌握 ID3 算法、C4.5 算法和 CART 算法。

重点：ID3 算法，graphviz 与 DOT。

难点：CART 算法，随机森林，决策树算法的应用。

第 9 章 线性模型（4 学时）

主要内容：

（1）线性回归简介。

（2）逻辑回归简介。

（3）最小二乘法。

（4）正规方程。

（5）梯度下降。

（6）岭回归。

基本要求：了解线性回归、逻辑回归；掌握最小二乘法；掌握优化方法——正规方程和梯度下降；掌握岭回归

重点：正规方程。

难点：最小二乘法，梯度下降，岭回归，线性模型的应用。

第 10 章 朴素贝叶斯算法（4 学时）

主要内容：

（1）贝叶斯定理。

（2）朴素贝叶斯分类。

- GaussianNB 类。
- MultinomialNB 类。
- BernoulliNB 类。

基本要求：了解贝叶斯定理；掌握朴素贝叶斯分类。

重点：贝叶斯定理。

难点：朴素贝叶斯算法的应用。

第 11 章 支持向量机（4 学时）

主要内容：

（1）支持向量机。

（2）核函数。

- 线性核函数。

- 多项式核函数。
- 高斯核函数。

（3）分类。

（4）回归。

（5）参数调优。

基本要求：了解支持向量机原理；掌握线性核函数、多项式核函数和高斯核函数；了解调优参数 gamma 和惩罚系数 C。

重点：线性核函数，多项式核函数，高斯核函数。

难点：参数调优、支持向量机的应用。

第 12 章　k 均值聚类算法（4 学时）

主要内容：

（1）k 均值聚类算法。

- k 均值聚类算法的步骤。
- KNN 算法和 k 均值聚类算法的关系。

（2）k 均值聚类算法的适用范围。

（3）k 均值聚类算法的算法的流程。

（4）k 均值聚类算法的评估指标。

基本要求：了解聚类算法与分类算法的区别；掌握 k 均值聚类算法步骤；了解 KNN 算法和 k 均值聚类算法关系；掌握 k 均值聚类算法流程；掌握轮廓系数。

重点：聚类算法与分类算法，k 均值聚类算法。

难点：k 均值聚类算法，轮廓系数，k 均值聚类算法的应用。

A.3　教学安排及学时分配

表 A.1　教学安排及学时分配

主要内容	学时分配/学时		
	授　课	实　验	小　计
人工智能概述	2		2
Python 科学计算	2	2	4
数据清洗与特征预处理	2	2	4
数据划分与特征提取	2	2	4
特征降维与特征选择	2	2	4
模型评估与选择	2	2	4
KNN 算法	2	2	4
决策树	2	2	4

续表

主要内容	学时分配/学时		
	授　课	实　验	小　计
线性模型	2	2	4
朴素贝叶斯算法	2	2	4
支持向量机	2	2	4
k 均值聚类算法	2	2	4
合计	24	22	46

A.4　考核方式

（1）课堂考勤、作业占 10%。主要考核缺课、迟到、早退情况以及完成作业情况。

（2）实验成绩占 30%。主要考核学生是否能应用所学知识解决具体应用问题。

（3）考试成绩占 60%。主要考核学生运用所学知识解决简单应用问题和复杂应用问题的能力。考试形式为闭卷笔试。

A.5　教材及参考文献

教材：

周元哲.机器学习入门——基于 Sklearn[M]. 北京：清华大学出版社，2021.

参考文献：

[1] 段小手. 深入浅出 Python 机器学习[M]. 北京：清华大学出版社，2016.

[2] 张良均，王路，谭立云，等. Python 数据分析与挖掘实战[M]. 北京：机械工业出版社，2015.

[3] 吴恩达.机器学习[EB/OL]. https://study.163.com/course/courseLearn.htm? courseId=1004570029♯/learn/video? lessonId=1049052745&courseId=1004570029.

[4] 林轩田.机器学习基石[EB/OL].https://www.bilibili.com/video/av1624332/? from=search&seid=10157565797090942401.

[5] 周志华.《机器学习》目录和参考答案[EB/OL]. https://blog. csdn. net/ u014038273/article/details/79654734.

附录 B　Sklearn 数据集

B.1　初识 Sklearn 数据集

数据作为机器学习最关键的要素决定了模型选择以及参数的设定和调优。Sklearn 使用 datasets 模块导入数据集，代码如下：

```
from sklearn import datasets
```

Sklearn 提供了 3 种数据集，分别是小数据集、大数据集和生成数据集。

B.2　小数据集

B.2.1　小数据集简介

小数据集使用 datasets.load_ * 命令导入。
图 B.1 显示了 Sklearn 的小数据集。

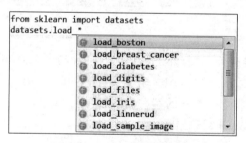

图 B.1　Sklearn 的小数据集

sklearn 的小数据集如表 B.1 所示。

表 B.1　Sklearn 的小数据集

数据集名称	任务类型	数据规模 （样本数 * 特征数）	数据集函数
鸢尾花数据集	分类、聚类	(50 * 3) * 4	load_iris
葡萄酒数据集	分类	(59+71+48) * 13	load_wine
波士顿房价数据集	回归	506 * 13	load_boston
手写数字数据集	分类	1797 * 64	load_digits
乳腺癌数据集	分类、聚类	(357+212) * 30	load_breast_cancer
糖尿病数据集	回归	442 * 10	load_diabetes
体能训练数据集	多分类	20	load_linnerud

数据集返回值的数据类型是 datasets.base.Bunch（字典格式），具有如下属性：

- data：特征数据数组（特征值输入）。
- target：标签数组（目标输出）。
- feature_names：特征名称。
- target_names：标签名称。
- DESCR：数据描述。

B.2.2　鸢尾花数据集

鸢尾花数据集由 R.A.Fisher 在 1936 年收集整理，是一个用于多重变量分析的数据集。该数据集包含 150 个数据样本，分为 3 类，分别是山鸢尾（iris-setosa）、变色鸢尾（iris-versicolor）和维吉尼亚鸢尾（iris-virginica），如图 B.2 所示。

图 B.2　3 种鸢尾花示例

鸢尾花数据集每类有 50 个样本，每个样本包含花萼长度（sepal length）、花萼宽度（sepal width）、花瓣长度（petal length）、花瓣宽度（petal width）4 个属性。通过鸢尾花的 4 个属性预测鸢尾花卉属于 3 类中的哪一类，常用于分类操作。

鸢尾花使用如下命令加载数据集：

```
from sklearn.datasets import load_iris
```

【例 B.1】　查看鸢尾花数据集的数据。

```
from sklearn.datasets import load_iris        #加载数据集
iris=load_iris()
n_samples,n_features=iris.data.shape
print(iris.data.shape)                #(150, 4)表示数据集中有 150 个样本、4 个特征
print(iris.target.shape)              #(150,)表示有 150 个标签
print("特征名称:\n", iris.feature_names)   #特征名称
```

【程序运行结果】

```
(150, 4)
(150,)
特征名称:
```

```
['sepal length (cm)', 'sepal width (cm)', 'petal length (cm)', 'petal width (cm)']
```

B.2.3　葡萄酒数据集

葡萄酒数据集包括 1599 个红葡萄酒样本以及 4898 个白葡萄酒样本,每个样本包含 12 个特征:固定酸度、挥发酸度、柠檬酸、残糖、氯化物、游离二氧化硫、总二氧化硫、密度、pH 值、硫酸盐、酒精和葡萄酒的质量。

使用如下命令加载葡萄酒数据集:

```
from sklearn.datasets import load_wine
```

B.2.4　波士顿房价数据集

波士顿房价数据集(网址 http://lib.stat.cmu.edu/datasets/boston)包括 506 个样本,每个样本包含 14 个特征。每条数据包含房屋以及房屋周围的详细信息,其中包含城镇犯罪率、一氧化氮浓度、住宅平均房间数、到中心区域的加权距离以及自住房平均房价等。

使用如下命令加载波士顿房价数据集:

```
from sklearn.datasets import load_boston
```

B.2.5　手写数字数据集

手写数字数据集包括 1797 个手写数字 0～9,每个数字以 8×8 的点阵显示,点阵中点的值为 0～16,代表颜色的深度。

使用如下命令加载手写数字数据集:

```
from sklearn.datasets import load_digits
```

B.2.6　乳腺癌数据集

乳腺癌数据集有 569 个样本,每个样本包含 30 个特征,样本类别分为良性和恶性两类。

使用如下命令加载乳腺癌数据集:

```
from sklearn.datasets import load_breast_cancer
```

B.2.7　糖尿病数据集

糖尿病数据集包含 442 个患者的 10 个特征(年龄、性别、体重、血压等)和一年以后疾病级数指标,这 10 个特征都已经被归一化处理。

使用如下命令加载糖尿病数据集:

```
from sklearn.datasets import load_diabetes
```

B.2.8 体能训练数据集

体能训练数据集包含如下两个小数据集:

(1) Excise 是对 3 个生理变量(体重、腰围、脉搏)的 20 次观测。

(2) physiological 是对 3 个体能训练变量(引体向上、仰卧起坐、立定跳远)的 20 次观测。

使用如下命令加载体能训练数据集:

```
from sklearn.datasets import load_linnerud
```

B.3 大数据集

B.3.1 大数据集简介

Sklearn 的大数据集如表 B.2 所示。

表 B.2 Sklearn 的大数据集

数据集名称	数据集函数	任 务 类 型
Olivetti 面部图像数据集	fetch_olivetti_faces	降维
新闻分类数据集	fetch_20newsgroups	分类
带标签的人脸数据集	fetch_lfw_people	分类,降维
路透社英文新闻文本分类数据集	fetch_rcv1	分类

大数据集使用 sklearn.datasets.fetch_ * 导入,在第一次使用数据集时会自动下载。这里只介绍新闻分类数据集。

B.3.2 新闻分类数据集

新闻分类数据集收集了大约 20 000 篇新闻文档,均匀分为 20 个不同主题的新闻组。该数据集是用于文本分类、文本挖掘和信息检索研究的国际标准数据集之一。该数据集有 3 个版本:第一个版本 19997 是没有修改过的原始版本,有 19 997 篇文档;第二个版本 bydate 按时间顺序分为训练集(60%)和测试集(40%)两部分,不包含重复文档和新闻组名,有 18 846 篇文档;第三个版本 18 828 不包含重复文档,只有来源和主题,有 18 828 篇文档。

在 Sklearn 中,该数据集有两种装载方式。第一种是

```
from sklearn.datasets import fetch_20newsgroups
```

返回一个可以被文本特征提取器（如 sklearn.feature_extraction.text.CountVectorizer）自定义参数提取特征的原始文本序列。

第二种是

```
from sklearn.datasets import fetch_20newsgroups_vectorized
```

返回一个已提取特征的文本序列，即这种装载方式不需要使用特征提取器。

【例 B.2】 使用 20newsgroups 数据集。

```
from sklearn.datasets import fetch_20newsgroups         #加载数据集
news=fetch_20newsgroups()
print(len(news.data))
print(news.target.shape)
print("数据集描述:\n", news['DESCR'])
```

【程序运行结果】

```
11314
(11314,)
```

B.4 生成数据集

B.4.1 生成数据集简介

Sklearn 采用 sklearn.datasets.make_* 生成数据集，用这种方法可以创建适合特定机器学习模型的数据。常用的函数如下：

- make_regression：生成回归模型的数据。
- make_blobs：生成聚类模型数据。
- make_classification：生成分类模型数据。
- make_gaussian_quantiles：生成分组多维正态分布的数据。
- make_circles：生成环线数据。

B.4.2 make_regression 函数

sklearn.datasets.samples_generator 模块提供了 make_regression 函数，格式如下：

```
make_regression(n_samples, n_features, noise, coef)
```

参数说明如下：

- n_samples：生成样本数。
- n_features：样本特征数。
- noise：样本随机噪声。

- coef：是否返回回归系数。

【例 B.3】 make_regression 示例。

```
import numpy as np
import matplotlib.pyplot as plt
from sklearn.datasets.samples_generator import make_regression
#X为样本特征,y为样本输出, coef 为回归系数,共 1000 个样本,每个样本一个特征
X, y, coef=make_regression(n_samples=1000, n_features=1, noise=10, coef=True)
#画图
plt.scatter(X, y, color='black')
plt.plot(X, X * coef, color='blue', linewidth=3)
plt.xticks(())
plt.yticks(())
plt.show()
```

【程序运行结果】

程序运行结果如图 B.3 所示。

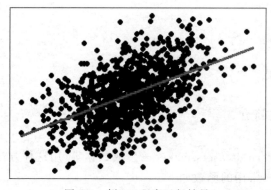

图 B.3　例 B.3 程序运行结果

B.4.3　make_blobs 函数

sklearn.datasets.samples_generator 模块提供了 make_blobs 函数,可以根据用户指定的特征数量、中心点数量、范围等生成数据,用于测试聚类算法。

make_blobs 函数格式如下:

```
sklearn.datasets.make_blobs(n_samples, n_features, centers,cluster_std)
```

参数说明如下:

- n_samples：生成样本数。
- n_features：样本特征数。
- centers：簇中心的个数或者自定义的簇中心。
- cluster_std：簇数据方差,代表簇的聚合程度。

【例 B.4】　make_blobs 示例。

```
import matplotlib.pyplot as plt
from sklearn.datasets.samples_generator import make_blobs
X, y=make_blobs(n_samples=50, centers=2, random_state=50, cluster_std=2)
plt.scatter(X[:, 0], X[:, 1], c=y, cmap=plt.cm.cool)
plt.show()
```

【程序运行结果】

程序运行结果如图 B.4 所示。

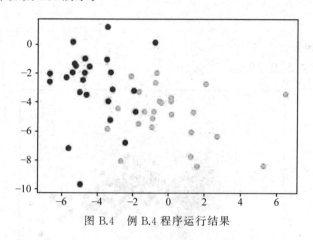

图 B.4　例 B.4 程序运行结果

【程序运行结果分析】

　　X 为样本特征，y 为样本簇类别，n_samples＝50 表示 50 个样本，centers＝2 表示分为两类，random_state＝50 表示随机状态为 50，cluster_std＝2 表示标准差为 2。数据集样本共有两个特征，分别对应 x 轴和 y 轴，特征 1 的数值大约为－7～7，特征 2 的数值大约为－10～－1。

B.4.4　make_classification 函数

　　sklearn.datasets.samples_generator 模块提供了 make_classification 函数，用于生成分类模型数据，语法如下：

```
make_classification(n_samples, n_features, n_redundant, n_classes, random_
state)
```

参数说明如下：

- n_samples：样本数。
- n_features：特征数。
- n_redundant：冗余特征数。
- n_classes：分类数。
- random_state：随机种子。

【例 B.5】 make_classification 示例。

```
import numpy as np
import matplotlib.pyplot as plt
from sklearn.datasets.samples_generator import make_classification
#X1 为样本特征,共 400 个样本,每个样本两个特征
#Y1 为样本类别输出,有 3 个类别,没有冗余特征,每个类别一个簇
X1, Y1=make_classification(n_samples=400, n_features=2, n_redundant=0,
                           n_clusters_per_class=1, n_classes=3)
plt.scatter(X1[:, 0], X1[:, 1], marker='o', c=Y1)
plt.show()
```

【程序运行结果】

程序运行结果如图 B.5 所示。

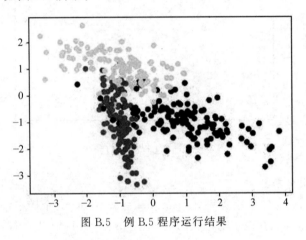

图 B.5 例 B.5 程序运行结果

B.4.5 make_gaussian_quantiles 函数

sklearn.datasets 模块提供了 make_gaussian_quantiles 函数,用于生成分组多维正态分布的数据,语法如下:

```
make_gaussian_quantiles(mean, cov, n_samples, n_features, n_classes)
```

参数解释如下:
- n_samples:样本数。
- n_features:特征数。
- mean:特征均值。
- cov:样本协方差的系数。
- n_classes:数据在正态分布中按分位数分配的组数。

【例 B.6】 make_gaussian_quantiles 示例。

```
import numpy as np
```

```
import matplotlib.pyplot as plt
from sklearn.datasets import make_gaussian_quantiles
#生成二维正态分布
#数据按分位数分成3组,1000个样本,2个样本特征均值为1和2,协方差系数为2
X1, Y1=make_gaussian_quantiles(n_samples=1000, n_features=2, n_classes=3,
    mean=[1,2],cov=2)
plt.scatter(X1[:, 0], X1[:, 1], marker='o', c=Y1)
```

【程序运行结果】

程序运行结果如图 B.6 所示。

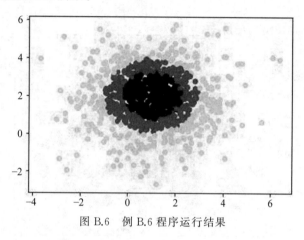

图 B.6 例 B.6 程序运行结果

B.4.6 make_circles 函数

sklearn.datasets.samples_generator 模块提供了 make_circles 函数,可以为数据集添加噪声,为二元分类器产生环线数据,语法如下:

```
make_circles(n_samples, noise, factor)
```

参数说明如下:

• n_samples：样本数。
• noise：样本随机噪音。
• factor：内外圆之间的比例因子。

【例 B.7】 make_circles 示例。

```
#生成球形判决界面的数据
from sklearn.datasets.samples_generator import make_circles
X,labels=make_circles(n_samples=200,noise=0.2,factor=0.2)
print("X.shape:", X.shape)
print("labels:", set(labels))
unique_lables=set(labels)
colors=plt.cm.Spectral(np.linspace(0, 1, len(unique_lables)))
```

```
for k,col in zip(unique_lables, colors):
    x_k=X[labels==k]
    plt.plot(x_k[:, 0], x_k[:, 1], 'o', markerfacecolor=col, markeredgecolor="
k", markersize=14)
plt.title('data by make_circles')
plt.show()
```

【程序运行结果】

```
X.shape: (200, 2)
labels: {0, 1}
```

程序运行结果如图 B.7 所示。

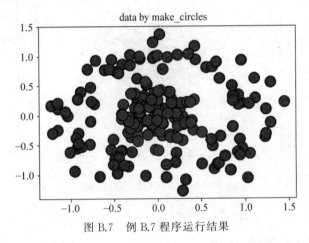

图 B.7   例 B.7 程序运行结果

参考文献

[1] 周元哲. Python 程序设计基础[M]. 北京：清华大学出版社,2015.

[2] 周元哲. Python 程序设计习题解析[M]. 北京：清华大学出版社,2017.

[3] 周元哲. Python 3.x 程序设计基础[M]. 北京：清华大学出版社,2019.

[4] 周志华. 机器学习[M]. 北京：清华大学出版社,2016.

[5] 范淼,李超. Python 机器学习及实践——从零开始通往 Kaggle 竞赛之路[M]. 北京：清华大学出版社,2016.

[6] Harrington P. 机器学习实战[M]. 李锐,李鹏,曲亚东,译. 北京：人民邮电出版社. 2013.

[7] 柯博文. Python 机器学习(微课视频版)——手把手教你掌握 150 个精彩案例[M]. 北京：清华大学出版社,2020.

[8] 张良均,王路,谭立云,等. Python 数据分析与挖掘实战[M]. 北京：机械工业出版社,2015.

[9] 林轩田. 机器学习基石[EB/OL]. https://www. bilibili. com/video/av1624332/?from＝search&seid＝10157565797090942401.

[10] 林轩田. 机器学习技法[EB/OL]. https://www. bilibili. com/video/av12469267.

[11] 李航. 统计学习方法[M]. 北京：清华大学出版社,2012.

[12] 段小手. 深入浅出 Python 机器学习[M]. 北京：清华大学出版社,2016.

[13] 吕云翔,马连韬. 机器学习基础[M]. 北京：清华大学出版社,2018.

[14] 肖云鹏,卢星宇. 机器学习经典算法实践[M]. 北京：清华大学出版社,2018.

[15] 唐聃. 自然语言处理理论与实战[M]. 北京：电子工业出版社,2018.

[16] 白宁超,唐聃,文俊. Python 数据预处理技术与实践[M]. 北京：清华大学出版社,2019.

[17] 白宁超. 机器学习和自然语言处理[EB/OL]. https://www. cnblogs. com/baiboy/.

[18] sklearn-doc-zh. Sklearn 简介[EB/OL]. http://www. scikitlearn. com. cn/.

[19] 黑马程序员. 最简单快速入门 Python 机器学习[EB/OL]. https://www. iqiyi. com/v_19rqt7gt3o. html♯curid＝1744319800_f3a64c420751d7fa7147fdbf5942c967.

[20] 何晗. 自然语言处理入门[M]. 北京：人民邮电出版社,2019.

[21] McKinney W. 利用 Python 进行数据分析[M]. 徐敬,译. 北京：机械工业出版社,2018.

[22] 吴恩达. 机器学习[EB/OL]. https://study. 163. com/course/courseLearn. htm? courseId＝1004570029♯/learn/video? lessonId＝1049052745&courseId＝1004570029.

图书资源支持

感谢您一直以来对清华版图书的支持和爱护。为了配合本书的使用,本书提供配套的资源,有需求的读者请扫描下方的"书圈"微信公众号二维码,在图书专区下载,也可以拨打电话或发送电子邮件咨询。

如果您在使用本书的过程中遇到了什么问题,或者有相关图书出版计划,也请您发邮件告诉我们,以便我们更好地为您服务。

我们的联系方式:

地　　址:北京市海淀区双清路学研大厦 A 座 714

邮　　编:100084

电　　话:010-83470236　010-83470237

客服邮箱:2301891038@qq.com

QQ:2301891038(请写明您的单位和姓名)

资源下载:关注公众号"书圈"下载配套资源。

资源下载、样书申请

书圈

获取最新书目

观看课程直播